"十二五"国家重点图书出版规划项目

化学化工精品系列图书·工科基础化学系列

工科大学化学实验

（第4版）

胡立江　尤　宏　郝素娥　主　编

哈尔滨工业大学出版社

内 容 提 要

本书是哈尔滨工业大学"九五"期间的教学改革成果之一,在内容上除了加强基本理论与基本技能的训练外,突出反映了近代化学的新进展,并强调了化学在其它学科领域中的应用。全书共35 个实验,分为基本知识技能、化学热力学与化学动力学、氧化还原反应与电化学、水与环境、材料化学、化学与生命科学和工业应用化学等七个部分。附录部分介绍了实验基本操作手段、仪器的原理与使用方法、数据处理和常用数据表,另外还给出了供学生完成的 27 个实验的实验报告。

本书既可作为高等工科院校各专业本、专科学生的实验教材,也可作为广大化学化工工作者的参考书。

图书在版编目(CIP)数据

工科大学化学实验/胡立江,尤宏,郝素娥主编. —4 版.
—哈尔滨:哈尔滨工业大学出版社,2009.9(2019.7 重印)
ISBN 978-7-5603-1353-5

Ⅰ.工…　Ⅱ.① 胡…② 尤…③ 郝…　Ⅲ.化学实
验-高等学校-教材　Ⅳ.06-3

中国版本图书馆 CIP 数据核字(2009)第 153594 号

责任编辑　王桂芝　黄菊英
出版发行　哈尔滨工业大学出版社
社　　址　哈尔滨市南岗区复华四道街 10 号　邮编 150006
传　　真　0451-86414749
网　　址　http://hitpress.hit.edu.cn
印　　刷　哈尔滨市工大节能印刷厂
开　　本　787mm×1092mm　1/16　印张 10.5　字数 256 千字
版　　次　2009 年 9 月第 4 版　2019 年 7 月第 10 次印刷
书　　号　ISBN 978-7-5603-1353-5
定　　价　25.00 元

序　言

　　"九五"期间,教育部组织全国几百所高等院校的教师对几乎所有基础学科"课程体系和教学内容的改革"进行了立项研究,规模之大,范围之广,实属空前。空前的投入,赢得了空前的产出,"九五"期间我国的高等教育取得了一系列重要的改革成果。工科基础化学也不例外,在课程体系、教学内容、教学方法等诸多方面都取得了实破性的进展和可喜的改革成果。如何将这些改革成果及时地推广到实际教学中去,是国家教育部领导十分关心的问题,也是每个教指委委员"十五"期间工作的一大重点,本人作为教育部工科基础化学教指委委员,自然义不容辞。

　　2002年元旦期间,哈尔滨工业大学出版社张秀华副社长、黄菊英编审和燕山大学环境与化学工程系邵光杰副主任建议本人根据教育部工科基础化学教改的精神,融入"九五"期间的教改成果,并结合哈尔滨工业大学、哈尔滨工程大学、哈尔滨理工大学、燕山大学、大庆石油学院、齐齐哈尔大学等校基础化学教改的实际,编写一套工科基础化学系列教材。此建议与本人的考虑不谋而合,欣然接受。本人一向认为:教材既是教学的重要依据,亦是教学的主要媒体,课程改革的方向、原则、思路和成果首先应该体现于教材。基于此种指导思想,并考虑教材编写的必要性和可行性,初步拟定编写有机化学、无机及分析化学、仪器分析、物理化学、结构化学、基础化学实验、工科大学化学实验、工科大学化学专题等工科基础化学教材。

　　本系列教材的编写思想是:遵照课程大纲和目标要求,考虑历史沿革,反映改革成果,突出时代特色,以优化整合的课程体系和教学内容为"骨架",以基础理论、基本概念、基本原理和基本操作为"血肉",以实际应用和学科前沿为"脉络",将科学性、适用性、先进性、新颖性融为一体。内容以必需和够用为度,表述注意深入浅出、简明扼要、突出重点,既便于教学,又便于自学。

　　为使教材的编写能够统一思想、统一要求、统一风格,并减少不必要的重复,成立了系列教材编审委员会,主要由参编各校的院系领导、有丰富教学经验的老教师和各册主编参加。

　　需要指出的是:

　　(1)教学改革是一项长期而艰巨的任务,不可能一蹴而就。教材改革与教学改革相伴而生,自然也需要长期的工作,不断完善,很难无可挑剔。本系列教材一定会有诸多不足,恳请同行体谅。

（2）编写教材需要博采众长,自然要参考较多的同类教材和其他相关文献资料,希望得到各参考文献作者的支持和理解。

（3）虽然本系列教材各册的编写大纲均由编审委员会讨论决定,但书稿的具体内容是责成各册主编把关的,读者若有询问之处,可与各册主编或各章节的作者联系,文责自负。

欢迎广大师生多提宝贵意见。

强亮生

2003 年 1 月 28 日于哈尔滨

第 4 版前言

作为哈尔滨工业大学"九五"期间的教学改革成果之一,《工科大学化学实验》自 1998 年 10 月出版以来,在教学中收到良好的使用效果,受到兄弟院校广大师生和其他读者的欢迎。

考虑到广大读者的需求,哈尔滨工业大学出版社建议我们根据教育部非化类基础化学课程教指委制定的《普通化学教学基本要求》,结合本校的使用情况和读者反馈的意见,编写第 4 版。第 4 版的主要工作是:

(1)为了加强化学与材料科学和环境科学的联系,新增加了 4 个有关方面的实验。

(2)为了使实验更加完善,对原有 31 个实验的内容、操作和表述进行了不同程度的核准和修改。

(3)为充分发挥学生的主观能动性,培养创新能力,去掉了修订版(第三版)中供学生完成的实验报告。

(4)为体现规范性和通用性,全书采用了新国标,将书中物质的质量百分比浓度和体积百分比浓度均改为质量分数(w_B)和体积分数(φ_B)。

(5)为充分反映每个人的工作,第 4 版主编、主审、参编人员有所增加和变动,全书由胡立江、尤宏、郝素娥主编。胡立江编写实验 3、5、20、25、29、34,尤宏编写实验 11、12、13、14、17、21、22、24、27,郝素娥编写实验 1、4、7、18、26、30、32、33,刘欣荣编写实验 2、8,唐冬雁编写实验 6、9,周育红编写实验 10、28,韦永德编写实验 35,张洪喜编写实验 15,杨春晖编写实验 31,韩喜江编写实验 16,张志梅编写实验 19,孟祥丽编写实验 23。参加第 4 版修改工作的还有李文旭、顾大明,由强亮生和大学化学与应用化学系列课程教学团队主审。

本教材是哈尔滨工业大学大学化学国家精品课程的建设成果,在教材系统性、科学性、先进性,实用性、规范性和可操作性方面作了统筹考虑,但限于水平,还难免有不足之处,敬请广大师生和社会读者批评指正。

编　　者

2009 年 8 月于哈尔滨工业大学

前　言

　　面临世纪之交,为了适应新世纪急剧变化的科学技术和社会发展的需要,为了适应当前教育思想观念、人才培养模式、教学体系内容等一系列重大变革的形势,我们对工科大学化学实验课和实验教材进行了大幅度的改革,在原实验教材《普通化学实验》的基础上,编写了改革教材《工科大学化学实验》,经校内试用后,此次由哈尔滨工业大学出版社正式出版。

　　本教材的编写是哈尔滨工业大学工科大学化学面向 21 世纪教学内容和课程体系改革的内容之一。在此过程中,我们纵观了现代化学与化工科技发展的成果和趋势,对比了美国重点大学的实验讲义,参考了清华大学等重点高校的实验教材,结合教师的科研项目,并进行了较多的教改实践。本教材的主要特点是:

　　(1) 每个实验增加了"实验导读"栏目,介绍了有关的基本理论、现代科学技术、先进测试方法、实验的实际意义及应用领域等,拓宽了学生的知识面,加深了对实际应用的了解。每个实验还增加了"实验提要"栏目,用其取代了传统的、为学生整理好的"实验目的"、"实验原理"等,以提高学生独立思考和独立解决问题的能力。

　　(2) 增加了两种类型的实验:附加实验和思考实验。前者是让学生利用计算机对有关的先进测试仪器(红外分析仪、热分析仪、X 射线光谱仪等)的 CAI 课件进行动画演示和犹如身临其境的模拟操作,以加深学生对先进测试应用的了解和掌握;后者是让学生对实验中可能发生的问题、现象和结果进行认真的思考、全面的分析和正确的估计,以培养学生具有高科技人才必备的科研素质。同时,加强了设计实验的力度,以提高学生综合思维、综合技术、善于动手和善于创新的能力。

　　(3) 本教材反映了当今社会所关注的材料科学、生命科学、环境科学、能源科学等的新进展,突出反映了近代化学的新发展和新技术,显示了化学与其它学科领域、工程实际及日常生活的相关性。

　　(4) 本教材的编写结合了现代多媒体(录像、幻灯、计算机大屏幕显示等)和计算机技术(辅助计算、作图等)在实验教学中的应用,使其发挥了传统教学难以起到的作用。

　　(5) 本教材仍然适用于我们多年坚持的开放实验。

　　本教材由哈尔滨工业大学化学与精细化工教研室与化学实验中心集体编写,胡立江、尤宏主编,郝素娥、蒋崇菊任副主编,参加编写的还有唐冬雁、杨春晖、周育红、余大书、刘欣荣、韩喜江、周保学、陈惠娟、罗洪军和张洪喜。

　　本教材是在全国普通化学教学指导委员会委员徐崇泉教授的指导下编写的,全书由徐崇泉和金婵主审,原中国化学学会理事、全国普通化学教学指导委员会委员周定教授为本教材作序,特此表示衷心的感谢。对哈尔滨理工大学、哈尔滨建筑大学、大庆石油学院、鞍山钢铁学院等高校对本书编写工作的帮助和支持表示感谢。

　　本教材是我们对工科大学化学实验课教材改革的初试,并且是首次出版,一定存在许多不足之处,欢迎读者和同行批评指正。

编　者

1998 年 8 月

目　　录

第一编　基本知识与技能

第二编　化学热力学与化学动力学

第三编　氧化还原反应与电化学

第四编　水与环境

第五编　材料化学

第六编　　化学与生命科学

第七编　　工业应用化学

第八编　　附　　录

学生实验守则

(1) 实验前必须认真预习,写出预习报告。到实验室后首先熟悉实验室环境、布置和各种设施的位置,清点仪器。

(2) 实验过程中保持安静,集中注意力,仔细观察,如实记录,积极思考,独立地完成各项实验任务。

(3) 实验仪器是国家财物,务必爱护,谨慎使用。

① 使用玻璃仪器要小心谨慎,若有损坏要报告教师,并根据情况给予酌情赔偿。

② 使用精密仪器时,必须严格按照操作规程,遵守注意事项。若发现异常情况或出现故障,应立即停止使用,报告教师,找出原因,排除故障。

(4) 使用试剂时应注意下列几点:

① 试剂应按书中规定的规格、浓度和用量取用,以免浪费,如果书中未规定用量或自行设计的实验,应尽量少用试剂,注意节省。

② 取用固体试剂时,勿使其撒落在实验容器外。

③ 公用试剂用后应立即放回原处。

④ 试剂瓶的滴管和瓶塞是配套使用的,用后立即放回原处,避免"张冠李戴"。

⑤ 使用试剂时要遵守正确的操作方法,避免沾污试剂。

(5) 指定回收的药品,要倒入回收瓶内,未指定回收的废液或残渣要倒入废液缸内,不可倒入水槽,废纸等扔入纸篓内,以免腐蚀或堵塞下水道。

(6) 注意安全操作,遵守安全守则。

化学实验室存在中毒、易燃、易爆和易腐蚀等多种隐患,极易发生各种事故,学生必须遵从教师指导,注意安全操作。

(7) 完成实验后,将仪器洗刷干净,放回原位,保持地面和台面的清洁。

化学实验室安全守则

化学实验室中许多试剂易燃、易爆,具有腐蚀性或毒性,存在不安全因素,所以进行化学实验时,必须重视安全问题,绝不可麻痹大意。初次进行化学实验的学生,应接受必要的安全教育,且每次实验前都要仔细阅读本实验的安全注意事项。在实验过程中,要严格遵守下列安全守则:

(1)实验室内严禁吸烟、饮食、大声喧哗、打闹。

(2)水、电、气用后立即关闭。

(3)洗液、浓酸、浓碱等具有强烈的腐蚀性,使用时应特别注意。

(4)有刺激性或有毒气体的实验,应在通风橱内进行。嗅闻气体时,应用手轻拂气体,把少量气体煽向自己再闻,不能将鼻孔直接对着瓶口。

(5)含有易挥发和易燃物质的实验,必须远离火源,最好在通风橱内进行。

(6)加热试管时,不要将试管口对着自己或他人,也不要俯视正在加热的液体,以免液体溅出使自己受到伤害。

(7)有毒试剂,如氰化物、汞盐、铅盐、钡盐、重铬酸钾等,要严防进入口内或接触伤口,也不能随便倒入水槽,应回收处理。

(8)稀释浓硫酸时,应将浓硫酸慢慢注入水中,并不断搅动。切勿将水倒入浓硫酸中,以免迸溅,造成灼伤。

(9)禁止随意混合各种试剂药品,以免发生意外事故。

(10)实验完毕,应将实验台面整理干净,洗净双手,关闭水、电、气等阀门后再离开实验室。

实验室意外事故的处理

(1)若因酒精、苯或乙醚等起火,应立即用湿布或砂土(实验室应备有灭火砂箱)等扑灭。若遇电器设备着火,必须先切断电源,再用二氧化碳或四氯化碳灭火器灭火。

(2)遇有烫伤事故,可用高锰酸钾或苦味酸溶液揩洗灼伤处,再擦上凡士林或烫伤油膏。

(3)若在眼睛或皮肤上溅上强酸或强碱,应立即用大量水冲洗。但若是浓硫酸,则应先用干布擦去,然后用大量水冲洗,再用碳酸氢钠3%溶液(或稀氨水)洗。若碱灼伤,需用醋酸2%(或硼酸)洗,最后涂些凡士林。

(4)氢氟酸烧伤皮肤时,先用碳酸氢钠10%溶液(或氯化钙2%溶液)洗涤,再用两份甘油与一份氧化镁制成的糊状物涂在纱布上掩盖患处,同时在烧伤的皮肤下注射葡萄糖10%溶液。

(5)四氯化碳有轻度麻醉作用,对肝和肾有严重损害,如遇中毒症状(恶心、呕吐),应立即离开现场,按一般急救处理,眼和皮肤受损害时,可用碳酸氢钠2%溶液或硼酸1%溶液冲洗。

(6)金属汞易挥发,通过呼吸进入人体内,逐渐积累会引起慢性中毒,所以不能把汞洒落在桌上或地上,一旦洒落,必须尽可能收集起来,并用硫磺粉盖在洒落的地方,使汞转变成不挥发的硫化汞。

(7)一旦毒物进入口内,可把5~10 ml稀硫酸铜溶液加入一杯温水中,内服后,用手指伸入咽喉部,促使呕吐,然后立即送医院。

(8)若吸入氯气、氯化氢气体,可吸入少量酒精和乙醚的混合蒸气以解毒;若吸入硫化氢气体而感到不适或头晕时,应立即到室外呼吸新鲜空气。

(9)被玻璃割伤时,伤口若有玻璃碎片,须先挑出,然后抹上红药水并包扎。

(10)遇有触电事故,应迅速切断电源,必要时立即进行体外心脏起搏和对口呼吸,并尽快送医院。

大学化学实验的学习方法

实验效果与正确的学习态度和学习方法密切相关,大学化学实验的学习方法主要体现于下列三个环节:

1.预习

预习是实验前必须完成的准备工作,是做好实验的前提。但是,预习环节往往不能引起学生足够的重视,甚至不预习就进实验室,对实验的目的、要求和内容全然不知,严重地影响了实验效果。为了确保实验质量,实验前任课教师要检查每个学生的预习情况。对没有预习或预习不合格者,任课教师有权不让参加本次实验,学生应严格服从教师的安排。

实验预习一般应达到下列要求:

(1)阅读实验教材,明确实验的目的和实验内容(若有电视录像或 CAI,应在指定时间、指定地点去观看,不可缺席)。

(2)掌握本次实验的主要内容,阅读实验中有关的实验操作技术及注意事项。

(3)按教材规定设计实验方案,并回答"预习思考题"。

(4)写出实验预习报告,预习报告是进行实验的依据,因此预习报告应包括简要的实验步骤、操作要点和定量实验的计算公式等。

2.实验

实验是培养独立工作能力和思维能力的重要环节,必须认真、独立地完成。

(1)按照实验内容,认真操作,细心观察,一丝不苟,如实将实验现象和数据记录在预习报告中。

(2)对于设计性实验,审题要确切,方案要合理,现象要清晰。实验中发现设计方案存在问题时,应找出原因,及时修改方案,直至达到要求。

(3)在实验中遇到疑难问题或者有反常现象时,应认真分析操作过程,思考其原因。为了正确说明问题,可在教师指导下,重做或补做某些实验。自觉养成动脑筋分析问题的习惯。

(4)遵守实验工作规则。实验过程中应始终保持台面布局合理、环境整洁卫生。

3.实验报告

实验报告是每次实验的总结,反映学生的实验水平和总结归纳能力,必须认真完成。

一份合格的实验报告应包括以下 5 部分内容:

(1)实验目的。定量测定实验还应简介实验有关基本原理和主要反应方程式。

(2)实验内容。尽量采用表格、框图、符号等形式,清晰、明了地表示实验内容。切忌照抄书本。

(3)实验现象和数据记录。实验现象要正确,数据记录要完整,绝不允许主观臆造,抄袭别人实验结果,否则,本次实验按不及格处理。

(4)解释、结论或数据计算。对现象加以简明的解释,写出主要反应方程式,分标题小结或者最后得出结论。数据计算要准确。

(5)完成实验教材中规定的作业。针对实验中遇到的疑难问题,提出自己的见解或写出收获。定量实验应分析实验误差原因。对实验方法、教学方法和实验内容等提出意见。

第一编　基本知识与技能

实验 1　分析天平的使用

一、实验导读

物质质量的准确测定是化学实验过程中经常遇到的基本操作之一,实验不同,对物质质量称量的准确度要求也不同,因此进行实验时,要选用不同精确度的称量仪器。例如,我们常用的台秤只能准确称出 0.1 g,而许多化学分析实验对物质质量称量要求准确到 0.1 mg,这就需要选用精确度高的、能够准确称量出 0.1 mg 的分析天平。

分析天平的种类很多,通常有两种分类方法。

1.按分析天平的结构特点分类

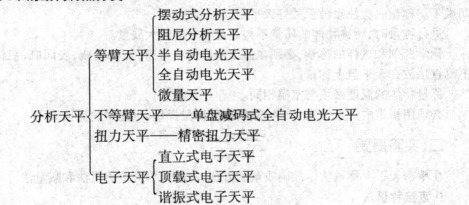

2.按天平的精度分类

精度是指天平的感量与最大载量之比。1972 年中国科学院按精度将天平分为 10 级。分级标准见表 1.1。

表 1.1　天平精度分级

级　别	1	2	3	4	5
感量/最大载量	1×10^{-7}	2×10^{-7}	5×10^{-7}	1×10^{-6}	2×10^{-6}
级　别	6	7	8	9	10
感量/最大载量	5×10^{-6}	1×10^{-5}	2×10^{-5}	5×10^{-5}	1×10^{-4}

1 级天平精度最好,10 级天平精度最差。常用的分析天平最大载量为 200 g,感量(或分度值)为 0.1 mg,其精度为

$$\frac{0.000\,1}{200} = 5 \times 10^{-7} \quad （即相当于 3 级天平）$$

在选用天平时,不仅要注意天平的精度级别,还必须注意天平的最大载量。

在常量分析中,使用最多的是最大载量为 100～200 g 的分析天平,属 3、4 级。在微量分析中,常用最大载量为 20～30 g 的 1～3 级天平。

分析天平是测定物体质量的精密仪器,需安装在专门的天平室内使用。天平应远离震源、热源,并与产生腐蚀性气体的环境隔离。室内应清洁无尘。室温以 18～26℃ 为宜,且应相对稳定。室内保持干燥,相对湿度应在 50%～60% 之间。

天平必须安放在牢固的水泥台上,有条件时,台面可铺橡皮布防滑、减震。天平应避免阳光直射,天平室应悬挂窗帘挡光,以免天平两侧受热不均,横梁发生形变或使天平箱内产生温差,形成气流,从而影响称量。

不可在天平室内存放或转移挥发性、腐蚀性的试剂。如欲称量这些物质,宜用玻璃器皿熔封后进行称量。

也不能带潮湿的器皿进入天平室,需要称取水溶液时,应装入密封性好的容器内进行称量,且应尽量缩短称量时间。

为保持天平干燥,天平箱内应放置干燥剂,通常使用的干燥剂为变色硅胶,变色硅胶应定期烘干。称量时应注意随手关好天平门。

进行称量时,所称物体的质量不得超过天平的最大载量。

化学药剂和试样的称量,必须在适当的容器中进行,如称量瓶、表面皿、铝铲或硫酸纸等,不得直接放在天平盘上称量。

称量物体的温度必须与室温相同。

必须用指定的天平做完一个样品的全部称量操作,不能中途更换天平。

二、实验提要

在精密天平上称量物体准确质量的方法,一般分为直接称量法和减量法。

1.直接称量法

直接称量法是最常用、最普遍、最简单的称量物体质量的方法。通常把要称量的物体直接放在天平秤盘上,测出物体的质量。有时为了方便,选用适当的称量纸、表玻璃或小烧杯等盛放试样,直接在天平秤盘上称量,然后再扣除盛放容器(或纸张)的质量,即得所称试样的质量。不过,从称量纸、表玻璃或小烧杯中转移试样到实验容器中时,务必将全部试样转移完全,否则会引起较大的误差。一般直接称量法适用于那些在空气中性质比较稳定、不易吸潮、不易氧化、也不易吸收 CO_2 的物质,如金属、矿石等。

2.减量法

减量法是把要称量的物体(通常为固体粉末)先装入一称量瓶中,在天平上称出全部试样和称量瓶的总质量 m_1,然后从称量瓶中小心倒出所需一定量的试样(初学者操作不熟练,可以分几次倒出,以达到所需量的要求),再在同一台天平上称出剩余试样和称量瓶的总质量 m_2,前后两次称出的总质量之差($m_1 - m_2$)即为倒出试样的准确质量。如果同一种试样,同时需要平行称出几份,就可以连续接下去倒出几份试样,并分别测出每倒完一次后,剩余试样和称量瓶的总质量,相邻两次总质量之差,即为倒出试样的质量,这种方法特别适用于需要同时称量几份同一种试样的情况。

三、实验内容

本实验使用 DTA 系列电子天平,该系列电子天平具有高的精度和数据输出、自校、单位转换、计数等特点。

1.按键功能

(1)去皮/清零或开机 (T/ON)

(2)关机 (OFF)

(3)单位转换 (U)

(4)计数 (N)

(5)打印 (P)

(6)背光开关 (S)

2.使用方法

(1)预热。接通电源,开机,天平显示从"F…2"到"F…9"后,即显示"0.00 g"或"0.0 g",预热 30 min 左右,方能使称量更准确。

(2)校正。预热后,使天平零点稳定后按住"S"键不放,再按下"P"键,则天平显示"C…"后,放上相对应的校正砝码,天平稳定后,即显示"校正质量"。校正完毕,拿去砝码,即可称量。如出现"C…F"表示校正有误,应重新开机,再进行校正。

(3)称量。称量时,如被称物质量超出天平满称量范围,则天平将显示过载提示符"F…H"。

(4)去皮。如示值有所偏离零点或秤盘上加载去皮,应按"T/ON"键,使示值回零。

(5)计数。将样品放于秤盘上,此时天平显示为样品质量,按下"N"键,即显示"C…10",样品个数 10、20、50、100 用"N"键选择对应数量样品的倍数。如需退出计数状态,按"N"键,使天平显示无"C"标记,即恢复称量状态。

(6)单位转换。按"U"键,选择所需质量单位。

(7)打印输出功能。接入微型打印机,如需打印,按一下"P"键即可。

3.称量练习

(1)称取准备好的钢样 0.120 0~0.140 0 g,记录具体质量,可留得在实验钢中锰含量的测定(实验 27)时使用。

(2)使用称量瓶准确称取 0.30 g 碳酸氢钠、0.50 g 碳酸钙和 0.20 g 氧化铝,可留在抗酸胃药的抗酸能力测定(实验 26)时使用。

四、思考题

(1)在进行定量称量时,应如何选择称量仪器? 如需称量 0.120 0~0.140 0 g 的样品,选择哪类天平较好?

(2)使用电子天平进行称量时,主要有哪些步骤?

实验 2 溶液的配制和酸碱滴定

一、实验导读

酸碱滴定法(又称中和滴定法)是以质子传递反应为基础的一种滴定分析法,可用来测定酸碱浓度,其反应实质可用下式表示

$$H^+ + B^- \mathrel{=\!=\!=} HB \qquad\qquad B^- \mathrel{=\!=\!=} 碱$$

酸碱的强弱取决于物质给出或接受质子能力的大小。给出质子的能力愈强,酸性就愈强;反之就愈弱。同样,接受质子能力愈强,碱性就愈强;反之就愈弱。酸碱滴定中有一元酸碱的滴定,还有多元酸、混合酸和多元碱的滴定。

当用 NaOH 滴定 HCl 时,发生下列离解及质子转移反应

$$NaOH \mathrel{=\!=\!=} Na^+ + OH^-$$
$$HCl + H_2O \mathrel{=\!=\!=} H_3O^+ + Cl^-$$
$$H_3O + OH^- \mathrel{=\!=\!=} H_2O + H_2O$$

在滴定开始前 HCl 溶液呈强酸性,pH 值很低,随 NaOH 溶液的加入,不断地发生中和反应,溶液中$[H^+]$不断降低,pH 值逐渐升高,当加入的 NaOH 与 HCl 的量符合化学计量关系时,滴定到达化学计量点,中和反应恰好进行完全,原来的 HCl 溶液变成了 NaCl 溶液,溶液中$[H^+] \mathrel{=\!=\!=} [OH^-] = 10^{-7.0}$ mol·L^{-1},pH = 7.0。

在滴定过程中,溶液 pH 值随滴定液的加入而变化,这种变化可以用滴定曲线(图 1.1)来表示,幸运的是在滴定终点附近用很少的滴定液便会导致 pH 值的迅速变化,此称为 pH 突跃,这个突跃的存在使我们可以方便而又精确地确定滴定终点。

由于酸碱滴定过程没有任何外观明显变化,通常需要一种能够确定滴定终点的试剂,这种被称为酸碱指示剂的物质是一些比较复杂的有机弱酸或弱碱。它们在溶液中能以不同的结构形式存在而具有不同颜色,当溶液的酸度变化时,主要存在形式发生改变,因此溶液会呈现不同的颜色。

例如甲基橙是一种有机弱碱,它具有两种结构:偶氮式结构,呈黄色;醌式结构,呈红色。

$$(CH_3)_2N^+ \!\!\!-\!\!\!\langle\ \ \rangle\!\!\!=\!\!\!N\!\!-\!\!N\!\!\!\underset{H}{-}\!\!\!\langle\ \ \rangle\!\!\!-\!\!\!SO_3^- \underset{H^+}{\overset{OH^-}{\rightleftharpoons}}$$

红色(醌式)

$$(CH_3)_2N\!\!\!-\!\!\!\langle\ \ \rangle\!\!\!-\!\!\!N\!\!\!=\!\!\!N\!\!\!-\!\!\!\langle\ \ \rangle\!\!\!-\!\!\!SO_3^-$$

黄色(偶氮式)

甲基橙的变色范围 pH 为 3.1~4.4,当溶液中氢离子浓度增大(pH < 3.1)时,甲基橙主要以醌式结构存在,所以溶液显红色;当氢离子浓度降低时,甲基橙主要以偶氮式结构存在(pH > 4.4),因此溶液显黄色。无疑,作为酸碱指示剂,其酸形成的颜色和其共轭形式的颜色有明显的区别(这种对 pH 值敏感的物质在自然界也有很多,你可以试着将牵牛花放入不同 pH 值的溶液中,看看它会变成什么颜色)。

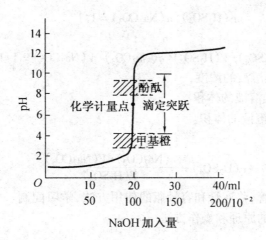

图 1.1　0.100 0 mol·L⁻¹ NaOH 滴定
0.100 0 mol·L⁻¹ HCl 的滴定曲线

如果你想知道买回来的米醋是不是掺水了,可以用已知浓度的 NaOH 溶液滴定一下。不要忘记加指示剂,酚酞指示剂是比较合适的。

二、实验提要

1．一定浓度溶液的配制

配制一定浓度的溶液有直接和间接法,采取何种方法应根据溶质的性质而定。对于某些易于提纯而稳定不变的物质,如草酸($H_2C_2O_4·2H_2O$)、碳酸钠(Na_2CO_3)等,可以精确称取其质量,并通过容量瓶等容器直接配制成所需一定体积的精确浓度的溶液。对于某些不易提纯或在空气中不够稳定的物质,如氢氧化钠(NaOH)或市售的浓酸溶液,如硫酸(H_2SO_4)、盐酸(HCl)等,可先配制成近似浓度的溶液,然后用基准物质或已知精确浓度的溶液(叫做标准溶液)来测定其浓度。

2．溶液浓度的测定

滴定是常用的测定溶液浓度的方法,使用滴定管将标准溶液滴加到待测溶液中(也可以反过来加),直到化学反应完全时,即到达"化学计量点",两者物质的量恰好符合化学方程式的计量关系。根据标准溶液的浓度和所消耗的体积,算出待测溶液的浓度。

反应终点是靠指示剂来确定的。指示剂能在"计量点"附近发生颜色的变化。

如用 H_2SO_4 溶液滴定 Na_2CO_3 溶液时,可用甲基橙做指示剂,当 H_2SO_4 与 Na_2CO_3 完全作用时,溶液由黄色变为橙红色,即为反应终点。

3．滴定分析中的计算

在滴定分析中,用标准溶液滴定被测溶液,反应物间是按化学计量关系相互作用的。

例如

$$H_2SO_4 + Na_2CO_3 \longrightarrow Na_2SO_4 + \underset{\underset{\longrightarrow\ H_2O\ +\ CO_2\uparrow}{\rule{0pt}{1em}}}{H_2CO_3}$$

当滴定达到化学"计量点"时,即 H_2SO_4 与 Na_2CO_3 完全反应时,物质的量(n)之比应为反应

方程式中计量系数之比,即

$$n(H_2SO_4) : n(Na_2CO_3) = 1 : 1$$

因为

$$n = c \cdot V$$

所以

$$c(H_2SO_4) \cdot V(H_2SO_4) : c(Na_2CO_3) \cdot V(Na_2CO_3) = 1 : 1$$

式中　$c(Na_2CO_3)$——标准溶液的浓度;

　　　$V(Na_2CO_3)$——标准溶液的体积;

　　　$V(H_2SO_4)$——待测溶液的体积。

待测溶液浓度为

$$c(H_2SO_4) = \frac{c(Na_2CO_3) \cdot V(Na_2CO_3)}{V(H_2SO_4)}$$

本实验要求学习滴定管、移液管和容量瓶的使用方法,学习配制一定浓度溶液的方法,掌握用滴定法测定溶液浓度的原理和操作方法。

三、实验内容

1.H_2SO_4 溶液的配制

用密度计(原比重计)测定所给 H_2SO_4 溶液的密度,此 H_2SO_4 溶液浓度为 1:3(1 份浓 H_2SO_4 加 2 份 H_2O)。从附录 5.5 查出密度与质量分数的对应关系,根据密度、质量分数计算出配制的 0.05 mol·L^{-1} H_2SO_4 溶液 100 ml 所需浓 H_2SO_4 和 H_2O 的体积。

用量筒量取所需体积的蒸馏水倒入烧杯中,再从滴定管中取所需浓 H_2SO_4 溶液,慢慢注入烧杯中,搅拌均匀,盖上表面皿备用。

2.标准 Na_2CO_3 溶液的稀释

用 50 ml 烧杯取已备的标准 Na_2CO_3 溶液,然后用 20 ml 移液管(应用什么洗过?)吸取该溶液,注入蒸馏水洗净的 100 ml 容量瓶中,加蒸馏水至近刻度处,再改用滴管逐滴加蒸馏水,使之液体凹面刚好与刻度线相切,塞好瓶塞,充分摇匀备用(移液管、容量瓶的使用见附录一的 1.2)。

3.H_2SO_4 溶液浓度的测定

(1)用 20 ml 移液管(能否直接用刚才用过的移液管?)吸取刚配制好的标准 Na_2CO_3 溶液,注入用水洗净的锥形瓶中,加入一滴甲基橙溶液振荡混合均匀(同时取两份做平行实验)。

(2)用欲测定的 H_2SO_4 溶液约 5 ml 洗滴定管,再将此 H_2SO_4 注入滴定管中,调好液面,待液面平稳后,读出并记下读数(准确到小数点后 2 位)。

(3)用 Na_2CO_3 溶液标定 H_2SO_4 溶液(操作见附录 1.2)。滴定开始时,液体滴出的速率可稍快些,但只能是一滴一滴地加。当酸液滴入碱液中时,局部会出现橙色。随着摇动橙色很快消失。当滴定接近终点时,橙色消失较慢,此时应逐滴加酸液,每加一滴酸液,都要将溶液摇动均匀,注意橙色是否消失,直到滴入半滴或一滴硫酸溶液,锥形瓶内溶液恰好由黄色变成橙色时,即达滴定终点,记下滴定管液面的位置。

(4)如上重复一次,两次所用体积相差不得超过 0.20 ml,计算出 H_2SO_4 溶液的平均浓度(保留四位有效数字)。

四、思考题

(1)如果用标准 Na_2CO_3 溶液标定 HCl 溶液,怎样根据 Na_2CO_3 溶液的体积,计算 HCl 溶液的浓度？

（2）滴定管、移液管在使用前为什么必须用所取溶液洗？本实验所使用的锥形瓶、容量瓶是否也要做同样的处理？为什么？

（3）滴定过程中用水冲洗锥形瓶内壁是否影响反应终点？为什么？

实验 3　三种含水无机物的制备

一、实验导读

1.化合物的制备与发现

化合物的合成和制备一般是为了满足某种实际需要。例如,第二次世界大战期间,原子弹计划中曾出现过一个问题,即需要处理非常活泼的熔融金属铀和钍,于是对稀土元素铈的硫化物进行了大量的研究,并发现 CeS 是一种良好的耐高温材料,可用于避免氧对正电性很强的金属的污染。

在化合物的合成和制备过程中,机遇和敏锐相结合常常导致许多新的发现。对未曾预料到的事件的发生(例如,生成沉淀,放出气体,反应混合物的颜色变得异常,或者预期的产量非常之低等等),一般的人经常忽略这些现象而继续进行他所能理解的工作,但是,敏锐好奇的化学家却能在这些过程中获得新的、甚至是惊人的发现。例如,1987 年诺贝尔化学奖获得者之一——美国化学家 Charles J. Pedersen 1962 年在合成双(邻羟基苯氧基) – 乙基醚时,意外地发现了一种分子结构形似皇冠的大环聚醚化合物——"冠醚"。

人们往往对在化合物的合成和制备过程中可验证理论这一事实有所忽略。事实上,许多化合物的第一次合成和制备是用来验证某种假设和理论的,从而通过验证使我们有所发现、有所发明、有所创造。美国化学家 Alfred Werner 就通过完成不含碳的配合物 μ – 六羟基十二氨基合四钴(Ⅲ)离子的离析,最终证实了某些六配位配合物的旋光性源于金属离子周围的几何构型学说。

2.制备的基本训练

化学物质的制备是化学实验中基本操作训练的重要内容之一。本实验通过三种含水无机物的制备,使学生掌握这些无机物的制备方法及主要性质,训练学生在无机物制备过程中的冰浴冷却、抽滤等基本操作,同时使学生了解通过用热重分析法(TG)测试结晶水含量来鉴定含水无机物的方法。

3.热重(TG)分析法简介

对于含水无机物中结晶水的测试,最有效和常用的先进方法是热分析中的热重分析法。本实验将对制备的产物进行热重测试,以鉴定其含结晶水的量。

热分析是指在程序控温下,测量物质的物理性质与温度的关系的一类技术,目前热分析方法将近 20 种,其中在化学中常用的有三种:热重法(Thermogravimetry, TG)、差热分析(Differential Thermal Awalysis, DTA)和差示扫描量热法(Differential Scanning Calorimetry, DSC)。本次实验用的热重法是在程序控温下测量物质质量与温度的关系。

热重法的主要特点是定量性强,能准确地测量物质的质量变化及变化的速率。这种功能的实现主要是由热天平来实现的。近代热天平主要由四部分组成:①记录天平;②装样炉;③程序控制温度系统;④记录仪。

由热重法测得的记录为热重曲线(TG 曲线,见图 1.2),它表示过程的失重累积量。测量失重速率的是微商热重法,记录为微商热重曲线(DTG 曲线,见图 1.3)。

有关热重法的研究与应用可概述如下:

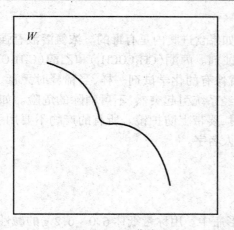

图 1.2　TG 曲线

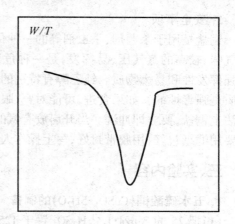

图 1.3　DTG 曲线

无机、有机和聚合物的热分解；

金属在高温不同气氛的腐蚀；

固相反应；

矿物的焙烧；

液体的汽化；

煤、石油和木材的裂解；

湿气、挥发物和灰分的测定；

汽化和升华速率；

脱水与吸湿性研究；

共聚物组成，以及添加剂的含量测定；

爆炸物质的分解；

反应动力学研究；

新化合物的发现；

吸附与解吸附曲线；

磁学性质，如强磁性体居里点的测定，热重法的温度标定等；

热重方法本身的研究和发展。

二、实验提要

1.碱性碳酸铜试样

$CuCO_3$ 是不存在的，因而在制备五水硫酸铜时，所用的是碱式盐 $2CuCO_3 \cdot Cu(OH)_2$，称为碱式碳酸铜。

2.配合物合成方程式

在一水硫酸四氨合铜（Ⅱ）的制备过程中，其合成方程式为

$$CuSO_4 \cdot 5H_2O + 4NH_3 \longrightarrow [Cu(NH_3)_4]SO_4 \cdot H_2O + 4H_2O$$

3.减压过滤方法

本实验在制备过程中要采取减压过滤方法，具体的操作过程见附录 1.3。

4.TG 法测试

本实验对所制备的无水无机物产物的鉴定是用虚拟 TG 法进行分析的，详见附录。

5. 安全事项

铜盐是用于杀菌剂、杀虫剂等的一种化学品,如果食进腹内是有毒的。浓氨溶液有强刺激性气味、较高的蒸气压、易挥发,是一种危险的腐蚀剂。丙酮(CH_3COCH_3)和乙醇(C_2H_5OH)都是强挥发性和易燃物质。纯乙醇有特别的毒性(就像有的化学试剂一样,当稀释时无毒,而纯物质是强毒性的),如果食进,可能对肾、眼睛和神经系统引起突然、不可消除的危险。如果手上沾上铜盐,要立即冲洗。当开启放有氨的容器时,要带上防护镜。所有的产物不要用手拿,而要用滤纸包好,用胶带封好,写上操作人和同组人名字。

三、实验内容

1. 五水硫酸铜($CuSO_4 \cdot 5H_2O$)的制备

(1)把 25 ml 3 mol·L^{-1} H_2SO_4 置于 125 ml 锥形瓶中。用称量纸称 6.0~6.2 g 的碱性碳酸铜,精确到小数点后一位。

(2)小心地把铜盐加到酸中,开始有气泡生成。待表面气泡不再产生时,将锥形瓶放到电炉上,加热到沸腾,硫酸铜溶液应该呈透明的宝石蓝色,当完全没有微粒时,停止加热。

(3)室温冷却 5 min 后,在冰浴中冷却溶液,直到晶体刚刚形成,搅拌(速度不易太快)样品使之不形成一整块。继续冷却 15 min。在此过程中,用冰冷却 10 ml 蒸馏水,或准备 10 ml 冰水,冲洗锥形瓶。

(4) 高速过滤或抽滤,干燥,包装。

2. 五水硫酸亚铁($FeSO_4 \cdot 5H_2O$)的制备

(1)在 400 ml 烧杯中,放 200 ml 水,然后在电炉上加热。

(2)把 25 ml 3 mol·L^{-1} H_2SO_4 放入 125 ml 锥形瓶中。用称量纸称 3.0~3.1 g 的铁粉,质量克数取小数点后一位。

(3)在通风橱中,小心地把铁粉加入酸中。待反应结束时,把锥形瓶放在热水中,直到所有的气泡消失(不能多于 30 min),注意要关闭电炉后操作。

(4)滤去反应余下的铁粉(该量应极少),把滤液倒入干净的 125 ml 锥形瓶中。

(5)在冰浴中冷却溶液 15 min,如果没有晶体形成,加 10 ml 乙醇,然后迅速搅拌。

(6)真空抽滤,用 20 滴冰水冲洗结晶,然后干燥,包装。

3. 一水硫酸四氨合铜(Ⅱ)$[Cu(NH_3)_4]SO_4 \cdot H_2O$ 的制备

(1)向大烧杯中加入冰水,把 25 ml 的丙酮注入一大试管,5 ml 乙醇注入一中试管中,把两试管放入冰水中冷却。(用试管夹操作,防止试管移动翻滚)

(2)称 5.0~5.5 g(取小数点后一位)的 $CuSO_4 \cdot 5H_2O$ 放到一个有刻度的小锥形瓶中,用水溶解晶粒,不得超过 25.0 ml,溶解后,静置 5 min。

(3)在通风橱中,把 35 ml 15 mol·L^{-1} NH_3 放到大的干净烧杯中,倒完氨水要盖紧塞盖。

(4)在通风橱中,沿搅拌棒倾倒铜溶液于氨中,把未溶的铜盐全部倒入,搅拌完全。

(5)在冰水浴中冷却混合物 10~15 min。(在此期间,准备好过滤装置,计算理论产量)

(6)迅速搅拌铜溶液,并把冷却后的 25 ml 丙酮立刻倒入铜溶液中。搅拌 1 min,然后在冰水浴中冷却 5 min,偶尔搅拌。

(7)待晶体生成后,减压抽吸,用丙酮反复冲洗,然后再把丙酮尽快吸干。

(8)以同样的方法用 3 ml 的乙醇冲洗,吸干。

(9)停止抽吸,把漏斗翻过去放到一称重纸上敲磕,使晶体随滤纸一同掉下来,拿掉滤纸,尽量把晶体从滤纸上刮到称重纸上,摊开干燥至少 15 min(24 h 较好),然后称重,包装,并计算产率。

4.三种制备物中结晶水的测这

用实验中的热重分析仪通过测定失重积累量来分析三种制备物中的结晶水的含量。

四、思考题

(1)抽滤结束时,在拿下胶管前,为什么不要先关闭水龙头?

(2)参考有关资料,请至少列出一项有关热分析在你所学专业中的应用。

实验 4　过渡元素与配位化合物

一、实验导读

1. 过渡元素

过渡元素的结构特征决定了其化学性质的特殊性。过渡元素大都是高熔点、高沸点、密度大、导电和导热性良好的金属;同一周期元素表现出许多相似性;一种元素有多种氧化数;它的水合离子和酸根离子常带有颜色且容易形成配位化合物等。过渡元素在国民经济中被广泛应用,如冶金工业中锰钢含有锰,不锈钢含有镍、铬,高速钢含有钨、钡、钼等。

过渡元素的化合物种类繁多,这里只介绍一些具有特殊性质和用途的元素及其重要化合物。

(1)铬及其重要的化合物。铬是金属中最硬的银白色、有光泽的金属,耐腐蚀、抗磨损,在空气或水中都相当稳定。

铬的化合物中,氧化数为 +3 和 +6 的化合物最为重要。

氧化铬 Cr_2O_3 是绿色的难溶物质,用作颜料,叫做铬绿。常用来给玻璃和瓷器着色。

三氧化铬 CrO_3(铬酐)是铬的重要化合物,电镀铬时用它与 H_2SO_4 配成电镀液。固体 CrO_3 遇酒精等易燃有机物,立即着火燃烧,本身还原为 Cr_2O_3。

$K_2Cr_2O_7$ 俗称红矾钾,是易溶的橙红色晶体,其溶解度随温度升高而增加很快。在酸性溶液中,其氧化性很强,是常用的氧化剂,其还原产物为 Cr^{3+}。

根据 $Cr_2O_7^{2-}$ 的氧化性,可用来监测司机是否酒后开车,即

$$2Cr_2O_7^{2-} + 3C_2H_5OH + 16H^+ \longrightarrow 3CH_3COOH + 4Cr^{3+} + 11H_2O$$

铬及其化合物有毒,特别是 Cr(Ⅵ),因其氧化性而毒性更大,有致癌作用。因此含铬废水必须经过处理才能排放。重铬酸盐广泛用于鞣革、印染、颜料、电镀和火柴的制造以及钢铁表面的钝化等。

(2)锰及其重要化合物。锰的外观与铁相似,块状锰是白色金属,质硬而脆。纯锰用途不大,常以锰铁的形式来制造各种合金钢。$w(Mn) = 12\% \sim 15\%$ 的锰钢很硬,能抗冲击并耐磨损,用来制造钢轨、粉碎机和拖拉机履带、球磨机的钢球等。建造南京长江大桥所用的 16Mn 钢(含 Cr、Mn、Nb、Mo)的耐磨蚀性能超过铬镍钢($w(Cr) = 18\%$、$w(Ni) = 8\%$ 的不锈钢)。

在医药上,高锰酸钾的稀溶液常用作消毒杀菌剂、毒气吸收剂。工业上用来漂白纤维、油脂脱色等。

通过本实验要求掌握第四周期过渡元素铬、锰、铁等元素的化学性质,了解过渡元素性质的特点。

2. 配位化合物

最早发现和制得配合物的是德国涂料工和 Diesbach。他于 1740 年将牛血与草木灰一起焙烧,经浸取、结晶后得一种黄色晶体,称为黄血盐($K_4[Fe(CN)_6]$)。并发现黄血盐溶液与铁盐溶液作用,生成鲜艳的蓝色沉淀。这就是著名的普鲁士蓝。

后来,人们在研究钴、铬、铂等化合物的性质时,发现它们与氨能形成颜色各异的稳定化合物,而且这些化合物中的氨离子行为也有变化。例如:

$CoCl_3 \cdot 6NH_3$(橙黄色)可用 $AgNO_3$ 沉淀出三个 Cl^-;

$CoCl_3 \cdot 5NH_3$（红紫色）可用 $AgNO_3$ 沉淀出两个 Cl^-；

$CoCl_3 \cdot 4NH_3$（绿色）可用 $AgNO_3$ 沉淀出一个 Cl^-。

这一事实说明，在这些化合物里不仅氨被牢固地键合着，而且也改变了某些氯离子的键合方式。直到 1893 年，年仅 26 岁的瑞士化学家 A. Werner 才提出了配位理论，扩展了化合价的概念。A. Werne 因此获得 1913 年的诺贝尔奖。

20 世纪 20 年代，N. V. Sidgwik 引进配位键概念。30 年代，L. Pauling 用杂化轨道理论阐明了配合物的几何构型，物理学家 H. Bethe 和 J. H. van VLeck 提出晶体场理论，较定量地解释了配合物的颜色、吸收光谱、磁性、稳定性、几何构型等问题。

1952 年，L. E. Orgel 将晶体场理论与分子轨道理论结合起来，发展为配位场理论，较全面地说明了配合物的组成、结构和性能。

配合物存在的范围极广，植物光合作用所需的叶绿素是镁的配合物，人体中输氧的血红素是铁的配合物。

乙二胺四乙酸二钠盐（简称 EDTA）则是实验中最著名的配位体。它是配合滴定（利用形成配合物反应进行滴定分析的容量分析法）中最常用的配位剂。EDTA 可以同时提供两个配位的氮原子和四个配位的氧原子，可与多种金属离子形成 1:1 螯合物。形成螯合物时，由 EDTA 的氮原子和氧原子与金属离子相键合，同时生成多个五员环，图 1.4 是 EDTA 与 Fe^{3+} 形成的螯合物的立体结构。

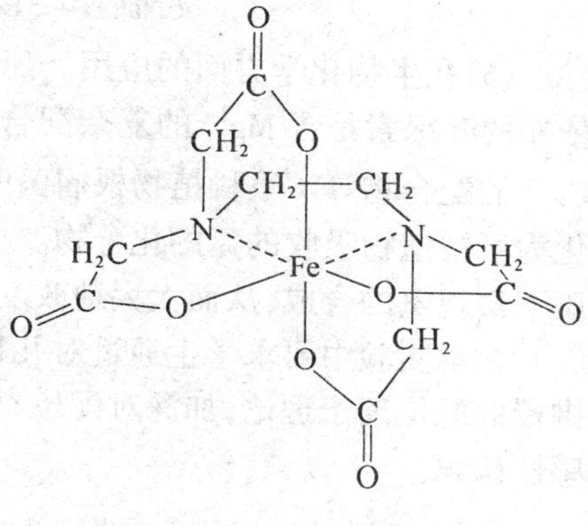

图 1.4　EDTA 配合物的结构

EDTA 可以与多数金属离子形成稳定的配合物，是络合滴定的理想配位体。由于 EDTA 是个弱酸盐，因而进行滴定分析时要仔细控制溶液的 pH 值。

配位化合物是结构较为复杂的一类化合物。近代配位化合物理论的应用获得了较快的发展。配位化合物在金属冶炼、金属防腐、金属电镀、分析化学以及催化等方面都起着重要的作用。

（1）在湿法冶金中的应用。在氰化法提炼银时，矿粉中的银先生成配离子 $[Ag(CN)_2]^-$，即

$$4Ag^+ + 8NaCN + O_2 + 2H_2O \longrightarrow 4Na[Ag(CN)_2] + 4NaOH$$

再向溶液中加入锌，则 Zn 与 Ag^+ 发生反应，使配位平衡不断向配离子解离的方向移动，结果得到了金属银。

（2）在照相技术中的应用。在照相技术中，硫代硫酸钠（俗称海波）溶液用作定影剂，以洗去胶片（溴胶板）上多余的溴化银的过程也是配位反应（溶解效应），即

$$AgBr(s) + 2S_2O_3^{2-} \longrightarrow [Ag(S_2O_3)_2]^{3-} + Br^-$$

（3）在催化方面的应用。近年来，配位催化反应的研究和应用发展很快。例如将乙烯氧化为乙醛，使用 $PdCl_2$ 为催化剂。此反应首先生成配合物 $[Pd(C_2H_4)(H_2O)Cl_2]$，再分解为 CH_3CHO。配位催化在合成橡胶、合成树脂等方面也有广泛应用。

在利用太阳能分解水以制取最佳能源之一的氢（光解制氢）中，也有应用配位催化的报导。

（4）在金属电镀方面的应用。电镀工艺中常用配合物溶液作电镀液。这样既可保证溶液中被镀金属的离子浓度不会太大，又可保证此离子得到源源不断的供应。这是保证镀层质量的重要条件。例如，若用 $CuSO_4$ 溶液镀铜，虽操作简单，但镀层粗糙、厚薄不匀、镀层与基体金

属附着力差。若采用焦磷酸钾（$K_4P_2O_7$）为配位剂组成含$[Cu(P_2O_7)_2]^{6-}$离子的电镀液，由于存在下述解离平衡

$$[Cu(P_2O_7)_2]^{6-} \rightleftharpoons Cu^{2+} + 2P_2O_7^{4-}$$

会使金属晶体在镀件上析出的过程中成长速率减小，有利于新晶核的产生，从而可以得到比较光滑、均匀、附着力较好的镀层。

上述电镀方法称无氰电镀。目前在电镀生产中，还大量采用含氰化物的电镀液。由于氰化物（如 KCN）剧毒，电镀生产的含氰废液都需要进行消毒处理，以免造成公害。这时可采用$FeSO_4$溶液处理，生成毒性很小的六氰合铁（Ⅱ）酸亚铁，即

$$6NaCN + 3FeSO_4 \longrightarrow Fe_2[Fe(CN)_6] + 3Na_2SO_4$$

（5）在生物化学方面的应用。配合物在生物化学方面也起着重要作用。如植物光合作用依靠的叶绿素是含 Mg^{2+} 的复杂配合物；输 O_2 的血红素是含 Fe^{2+} 的配合物；起血凝作用的是 Ca^{2+} 的配合物等。豆科植物根瘤菌中的固氮酶也是一种配合物，它可以把空气中的氮直接转化为可被植物吸收的氮的化合物。如果仿生学能实现人工合成固氮酶，人们就可以在常温常压下实现氨的合成，从而大大地改变工农业生产的面貌。

在本实验中要求学生通过对几种不同类型的配位离子实验的思考及验证，灵活应用课堂讲授的配位离子理论，加深对配位离子离解平衡及平衡移动的理解，增强对配位化合物形成的感性认识。

二、实验提要

1. 过渡元素的几个重要特性

由于结构上的原因，决定了过渡元素具有以下几个重要特性：

（1）离子显色性。过渡元素离子在水溶液中通常呈现不同的颜色，故可通过颜色的不同与深浅，初步识别和判断水溶液中某些离子的存在。

（2）变价性。过渡元素在不同的条件下可以形成不同的化合物，且在不同的化合物中可以不同的价态存在，所以这些化合物在反应中往往表现出氧化还原性。

（3）过渡元素的离子（或原子）能与配位体结合形成配合物，形成的配合物一般也有颜色，只是不一定与原过渡元素离子的颜色相同。

2. 氢氧化物的酸碱性和热稳定性

由于过渡元素都是金属元素，所以其氢氧化物大都呈碱性，不过也不尽然。对于某些元素，其氢氧化物的酸碱性与化合价有关，高价的氢氧化物一般呈酸性，如 $HMnO_4$、H_2CrO_4 等；低价的氢氧化物呈碱性，如 $Fe(OH)_2$、$Cr(OH)_2$ 等；中间价态的氢氧化物或多或少具有两性，如 $Cr(OH)_3$

$$Cr(OH)_3 + 3HCl \rightleftharpoons CrCl_3 + 3H_2O$$

$$Cr(OH)_3 + NaOH \rightleftharpoons NaCrO_2 + 2H_2O$$

另外，处在同一族的过渡元素所形成的氢氧化物从上到下碱性有所增强。

第一、二族过渡元素的氢氧化物对热的稳定性较差。如：AgOH 在常温下就能分解为 Ag_2O 和 H_2O；$Cu(OH)_2$ 受热时也能分解为 CuO 和 H_2O。

3. 高低价化合物的氧化还原性

过渡元素大都有变价性，如：铬常见的有 +3 价和 +6 价化合物，锰常见的有 +2、+4、+6、

+7 价化合物(Mn^{2+} 无色、MnO_2 棕色、MnO_4^{2-} 绿色、MnO_4^- 紫红色),一般说来,低价化合物有还原性,高价化合物有氧化性(试从结构上分析这种规律性)。

4. 配合物

配离子是由中心离子(正离子或原子)和配位体(负离子或中性分子)组合而成的复杂离子。带正电荷的配离子叫正配离子,带负电荷的配离子叫负配离子,含有配离子的化合物叫配合物(或称配盐)。配盐与复盐不同,在水溶液中电离出的配离子很稳定,只有一部分电离成简单离子,而复盐却全部电离为简单离子。例如:

配盐　　　　　　　　$[Cu(NH_3)_4]SO_4 \Longrightarrow [Cu(NH_3)_4]^{2+} + SO_4^{2-}$

　　　　　　　　　　$[Cu(NH_3)_4]^{2+} \Longrightarrow Cu^{2+} + 4NH_3$

复盐　　　　　　　　$NH_4Fe(SO_4)_2 \Longrightarrow NH_4^+ + Fe^{3+} + 2SO_4^{2-}$

形成配合物后,会使原物质的某些性质发生改变,如:颜色、溶解度、pH 值等,这些都可以通过实验加以验证。

三、实验内容

1. 过渡元素离子的颜色

回忆下列过渡元素离子在水溶液中的颜色,如中学没有学过,请查附录 4.1,并记录在表 1.2 中。

表 1.2　离子的颜色

离　子	Cu^{2+}	Cr^{3+}	CrO_4^{2-}	$Cr_2O_7^{2-}$	Mn^{2+}	MnO_4^-
名　称						
颜　色						

2. 氢氧化物的酸碱性和热稳定性

(1)氢氧化物的酸碱性。

① 取少量 $0.1\ mol \cdot L^{-1}$ 的 H_2CrO_4 溶液,用 pH 试纸检验,试想 pH 试纸会呈现什么颜色?

② 在试管中加入 $1\ ml\ 0.1\ mol \cdot L^{-1}\ Cr_2(SO_4)_3$ 溶液,小心滴加 $0.1\ mol \cdot L^{-1}$ 的 NaOH 溶液直至产生灰绿色沉淀(此沉淀是什么?),将此沉淀分盛在 2 支试管中,其一继续滴加 $2\ mol \cdot L^{-1}$ 的 NaOH 溶液,其二滴加 $0.1\ mol \cdot L^{-1}$ 的 HCl 溶液,试想会出现什么现象? 并说明此沉淀具有什么性质?

(2)氢氧化物的热稳定性。在 2 支试管中分别加入 $1\ ml\ 0.05\ mol \cdot L^{-1}$ 的 $CuSO_4$ 和 $1\ ml$ $0.1\ mol \cdot L^{-1}AgNO_3$,然后滴加 $0.1\ mol \cdot L^{-1}$ 的 NaOH 溶液,试想 2 支试管各产生什么现象? 静置 2 min 再加热时,又有什么变化? 为什么?

3. 高低价化合物的氧化还原性

(1)高价化合物的氧化性。

① 六价铬的氧化性。在试管中加入 $1\ ml\ 0.05\ mol \cdot L^{-1}$ 的 $FeSO_4$ 溶液,再加入 3 滴 $1\ mol \cdot L^{-1}$ 的 H_2SO_4 溶液使之酸化;然后滴加 $1 \sim 2$ 滴 $0.05\ mol \cdot L^{-1}$ 的 $K_2Cr_2O_7$ 溶液,试想溶液的颜色会如何变化,解释此变化的原因,并写出离子反应方程式。

② 七价锰的氧化性。在试管中加入 5 滴 $0.05\ mol \cdot L^{-1}$ 的 $KMnO_4$ 溶液,再加入 5 滴 0.05 $mol \cdot L^{-1}$ 的 $MnSO_4$ 溶液,此时会出现什么现象,解释其变化的原因,并写出离子反应式。

(2)低价化合物还原性。在点滴板的小坑中加入 1 滴 0.02 mol·L^{-1}Cr$_2$(SO$_4$)$_3$ 溶液,再加入 4 滴 2 mol·L^{-1} 的 NaOH 溶液,然后再向其中加入 4 滴 w(H$_2$O$_2$) = 3% 的 H$_2$O$_2$ 溶液,试想溶液中颜色会如何变化。并说明此颜色是何种离子的颜色。

4. 配合物的生成和组成

在 2 支试管中各加入 1 ml 0.01 mol·L^{-1} 的 CuSO$_4$ 溶液,然后分别加入 2 滴 2 mol·L^{-1}NaOH 和 0.5 mol·L^{-1}BaCl$_2$,试想会出现什么现象(二者分别是检验 Cu^{2+} 和 SO$_4^{2-}$ 的方法),写出反应方程式。

另取 2 mol·L^{-1} 的 CuSO$_4$ 溶液,逐滴加入 6 mol·L^{-1} 氨水至生成深蓝色溶液(这是为什么?),再多加 8~10 滴,使其配合完全,然后把得到的深蓝色溶液再分盛到 2 支试管中,分别加入 2 滴 0.5 mol·L^{-1}BaCl$_2$ 和 2 mol·L^{-1}NaOH 溶液,试想是否都有沉淀生成,为什么?

根据上述实验结果,说明 CuSO$_4$ 和氨水所形成的配合物的组成(配离子的组成)。

5. 配离子的离解

在 2 支试管中各加入 1 ml 0.1 mol·L^{-1}AgNO$_3$ 溶液,再分别加入 2 滴 2 mol·L^{-1}NaOH 和 0.1 mol·L^{-1}KI,各会出现什么现象?

另取 1 支试管,加入 1 ml 0.1 mol·L^{-1}AgNO$_3$,再滴加 6 mol·L^{-1} 氨水,直至生成的沉淀又溶解(这是为什么?),再多加 10 滴。

将所得到的溶液分盛在 2 支试管中,分别加入 2 滴 2 mol·L^{-1}NaOH 和 0.1 mol·L^{-1}KI,试想可能会出现什么现象,予以解释,并写出配离子的离解方程式。

6. 简单离子与配离子的区别

(1)在试管中加入 1 ml 0.1 mol·L^{-1}FeCl$_3$,再加入 1 滴 0.1 mol·L^{-1}KSCN,会出现什么现象(生成硫氰酸铁,该溶液呈血红色,这是检验 Fe^{3+} 的方法)。保存此溶液,以供 8(2)使用。

(2)以 0.1 mol·L^{-1}K$_3$〔Fe(CN)$_6$〕代替 FeCl$_3$ 做同样的实验,试想溶液是否呈血红色,并说明简单离子和配离子的区别。

7. 配盐与复盐的区别

在 3 支试管中各滴入 1 ml 0.1 mol·L^{-1}NH$_4$Fe(SO$_4$)$_2$,分别检验溶液中含有的 NH$_4^+$、Fe^{3+} 和 SO$_4^{2-}$ 离子,比较 6(2)和本实验的结果,试说明配盐和复盐有何区别(NH$_4^+$ 的检验方法自行设计)。

8. 形成配合物时的颜色变化

(1)在试管中加 1 ml 0.2 mol·L^{-1}CuCl$_2$ 溶液,然后逐滴加浓 HCl,试想颜色有什么变化?并加以解释。

(2)在 6(1)保留的溶液中,逐滴加入 0.5 mol·L^{-1}NaF,试想溶液颜色会有什么变化,并予以解释。

9. 形成配合物时溶解度的改变

(1)在试管中加入 0.5 ml 0.1 mol·L^{-1}AgNO$_3$,再加入 0.5 ml 的 0.1 mol·L^{-1}NaCl,在得到的沉淀中加入约 2 ml 6 mol·L^{-1} 氨水,有何现象?为什么?

(2)在试管中加入 2 滴 0.1 mol·L^{-1} Pb(NO$_3$)$_2$,然后逐滴加入 2 mol·L^{-1}KI,有何现象?继续滴加,又有何现象?为什么?

四、思考题

(1)过渡元素有哪些重要特性?

(2)过渡元素的酸碱性一般规律如何? 举例说明。

(3)怎样通过实验来推测铜氨配离子的生成、组成和离解?

(4)配盐和复盐有何区别? 如何证明?

(5)怎样通过实验说明生成配合物时会使原物质的颜色、溶解度发生变化?

第二编　化学热力学与化学动力学

实验 5　化学反应热效应的测定

一、实验导读

在化学反应过程中,除了发生物质的变化外,还有能量的转化。通常遇到的是化学能与热能间的转化,例如燃料燃烧释放出热量,燃烧 1 kg 石油发热量达 4×10^4 kJ,而煤矸石仅有 8×10^3 kJ。测量燃料的发热量,是热能利用中必不可少的一环。

早在 1840 年盖斯得出反应过程总热量守恒定律以前,拉瓦西和拉普拉斯就一起设计了第一台简陋的量热计,用以测定反应的热量。在盖斯得出反应过程总热量守恒之后,世界上许多化学家也都在热化学领域中进行了大量的工作,并做出了卓越的贡献,例如:西尔伯曼得到了比较精确的计算反应热效应的方法;汤姆生提出了关于化学亲和力与反应热效应的相关思想;对热化学做出较显著贡献的可以说是贝特罗,他发明了能较精确测定燃烧热的贝特罗弹式量热计,一直沿用至今,是实验室测量反应热的有效方法。

科学发展到今日,反应热的研究已达到前人不可想像的地步,如核反应热的研究等。热化学在工业实际生产中具有重要的意义,例如:工业生产中的各种换热问题,燃料的利用以及相应对设备的要求,都离不开热化学数据。同时,反应热与各种热力学函数、化学结构之间的密切联系也是理论研究的有力依据。

燃烧热是反应热的一种,尽管核能必将成为工业国家的一个重要的能源,尽管太阳能、风能、波浪能等正在快速发展,但今后的年代中,燃烧产生的能量仍然是动力的主要来源,它在工业、日常生活、消防事业、动力生产、能源利用中有着极其重要的意义。

另外,一些反应所放出的热量也会给生产带来破坏,必须加以控制。合成氨反应中,放出大量热,若不将热量及时转移掉,就会使反应器因温度过高而爆炸。因此,测定反应的热效应对生产实际、科学实验都有实际的意义。

长期以来,人们都是采用实验的方法测得一些反应的热效应。本实验就是通过实验测定锌粉和硫酸铜溶液反应的反应热,使学生了解和掌握一种在实验室简易地测定化学反应热效应的方法,并进一步熟悉化学实验常用仪器的使用方法,掌握准确浓度溶液的配制、溶液密度的测定等化学基本操作。

二、实验提要

1. 化学反应热效应测定与计算

化学反应通常是在等压条件下进行的,此时的反应热叫做等压反应热。因等压反应热 Q_p 与焓变 $\Delta_r H^{\ominus}$ 在数值上相等,故等压反应热又常以焓变来表示,在热化学中规定,放热反应的 $\Delta_r H^{\ominus}$ 为负值,吸热反应 $\Delta_r H^{\ominus}$ 为正值。

本实验是测定锌粉与硫酸铜溶液反应的焓变值。

锌与硫酸铜溶液的反应,是一个自发进行的反应,在 298.15 K 下,每摩尔反应的 $CuSO_4$ 与 Zn 放出 216.8 kJ 热量

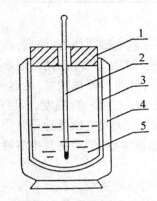

$$Zn + CuSO_4 \Longrightarrow ZnSO_4 + Cu$$

$$\Delta_r H^\ominus = -216.8 \text{ kJ·mol}^{-1}$$

放热反应焓变的测定方法很多,本实验是通过如图 2.1 所示的量热器来测定的。测定焓变的原理是根据能量守恒定律,即反应所放出的热量促使量热器本身和反应体系温度升高,因此,反应放出的热量可由下式计算,即

$$Q_p = \underset{\text{溶液得热}}{\Delta T c V d} + \underset{\text{量热器得热}}{\Delta T c_p} \qquad (2.1)$$

图 2.1　反应热测定装置示意图
1—橡胶塞;2—温度计;3—真空隔热层;
4—保温杯外壳;5—$CuSO_4$ 溶液

如果反应生成铜的物质的量是 n mol 时,则反应焓变为

$$\Delta_r H^\ominus = \frac{-Q_p}{n} = -\Delta T \times \frac{1}{n} \times \frac{1}{1\,000} \times (cVd + c_p) \qquad (2.2)$$

式中　$\Delta_r H^\ominus$——反应的焓变(kJ·mol^{-1});

ΔT——反应前后溶液温度的变化(K);

c——溶液的比热容,近似用纯水在 298.15 K 时的比热容 4.18 J·g^{-1}·K^{-1}代替;

V——反应时所用 $CuSO_4$ 溶液的体积(ml);

d——$CuSO_4$ 溶液的密度,近似用水的密度 1.00 g·ml^{-1}代替;

n——V ml 溶液中生成铜的物质的量;

c_p——量热器等压热容,指量热器每升高一度所需之热量(J·K^{-1})。

假设量热器本身吸收的热量予以忽略,即 c_p 值为零,则式(2.2)变为

$$\Delta_r H^\ominus = -\Delta T c V d \times \frac{1}{n} \times \frac{1}{1\,000} \qquad (2.3)$$

根据式(2.3),如果已知 $CuSO_4$ 溶液的体积和浓度,只要测出反应前后溶液温度的变化,就可以计算出反应的焓变。

2. 温度改变值的校正

量热时,不仅要精确地观测始末态的温度以求出 ΔT,还必须对影响量热的因素进行校正。由于反应后的温度需要有一定的时间才能升到最高数值,而实验所用的量热器又不是严格的绝热体系,在实验中,量热器不可避免地会与环境发生少量的热交换。再加上由于搅拌引入的搅拌热和 1/10 刻度温度计中水银柱的热惯性等,关系比较复杂,很难找到一个统一的热交换校正公式,故采用作图法外推从一定程度上可以消除这些影响。

三、实验内容

1. 锌与硫酸铜反应焓变的测定

(1)用台秤在纸上称取 2.5 g 锌粉。

(2)用移液管量取 100.00 ml 0.200 0 mol·L^{-1}CuSO$_4$,注入用自来水洗净的量热器(保温杯)中,并放入一个干净的搅拌管,盖好插有 1/10 刻度温度计的橡胶塞,将量热器放在电磁力搅拌

器上。

(3)开启电磁搅拌器(注意:转速不能太快,以免打破温度计),观察温度变化,待溶液温度恒定(一般需要 2~3 min)后,记录温度,该温度为反应的起始温度。

(4)打开量热器橡胶塞,迅速向溶液中加入 2.5 g 锌粉,塞好塞子,同时用秒表(或手表)记时,每隔 30 s 记录一次温度,当温度上升到最高点后,再测定五六个记时点。

测完后,关闭电磁搅拌器开关,取下量热器的橡胶塞和温度计,小心放在实验台上,从量热器中取出搅拌管,然后将其中溶液和金属残渣倒入回收瓶中,用水洗净量热器和搅拌管,放回原处。

(5)用作图法求 $\triangle T$。

① 将观测到的量热器温度对时间作图,联成 $ADBO$ 曲线(图 2.2),点 A 是未加锌粉时溶液的恒定温度读数点,点 B 是观测到的最高温度读数点,加锌粉后各点至最高点为一曲线(AB),最高点后各点绘成一直线(BO)。

② 量取 AB 两点间垂直距离为反应前后温度变化值 $\triangle_r T$。

③ 通过 $\triangle_r T$ 的中点 C 作平行横轴的直线,交曲线于点 D。

④ 过点 D 作平行纵轴的直线分别交于 BO 的延长线 F 点和 AG 线的点 E,EF 线代表校正后的真正温度改变值 $\triangle T$。

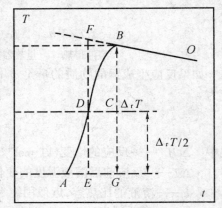

图 2.2　反应时间与温度变化的关系

(6)$\triangle_r H^{\ominus}$ 和相对误差的计算。由作图外推法求出的 $\triangle T$,代入式(2.3)中计算出 $\triangle_r H^{\ominus}$ 值(实验值),按下式可计算实验的相对误差

$$\frac{\mid \triangle_r H^{\ominus}_{理} \mid - \mid \triangle_r H^{\ominus}_{实} \mid}{\mid \triangle H^{\ominus}_{理} \mid} \times 100\% = \frac{218.66 - \mid \triangle H^{\ominus}_{实} \mid}{218.66} \times 100\% \tag{2.4}$$

2. 量热器热容测定

在实验内容 1 中,是用作图法校正温度改变值业计算实验焓变值及相对误差。此外,还可以通过测量热器热容(量热器每升高一度所需之热量)的方法,根据式(2.1)计算反应的焓变及相对误差(该方法在冷热水混合时有热量损失,测定误差较大,所以此内容可以不做,仅供参考)。

(1)用移液管量取 50.00 ml 蒸馏水放入干燥的量热器中,塞好塞子,搅拌之,若连续 3 min 温度无变化,可以认为体系处于平衡状态,记下此时温度 T_1。

(2)用移液管取 50.00 ml 自来水注入 200 ml 烧杯中加热,当加热到高于冷水温度 20℃时,停止加热,让热水静止 1~2 min,测热水温度为 T_2,然后迅速倒入量热器中,盖上盖子并搅拌,同时每隔 15 s 记录一次温度,当温度升到最高点后,每 30 s 记录一次,温度达最高点后连续观测 3 min。

用温度对时间作图,求 T_3。

(3)计算比热容。已知水的比热容为 c,一定量蒸馏水为 $m(g)$,则

$$热水失热 = mc(T_2 - T_3)$$

$$冷水得热 = mc(T_3 - T_1)$$

$$量热器得热 = mc(T_2 - T_3) - mc(T_3 - T_1)$$

所以量热器热容为

$$c_p = \frac{mc(T_2 - T_3) - mc(T_3 - T_1)}{T_3 - T_1} = \frac{mc(T_2 + T_1 - 2T_3)}{T_3 - T_1}$$

(4)计算焓变 $\Delta_r H^\ominus$。将量热器等压热容 c_p 值代入式(2.2)中可计算出 $\Delta_r H^\ominus$ 值(实验值),根据式(2.4)可计算出实验的相对误差。

四、思考题

(1)用量热器测定反应热的基本原理是什么?

(2)实验中所用 Zn 粉为何只需用台秤称取? $CuSO_4$ 为什么用移液管量取?

(3)试计算 100.00 ml 0.200 0 mol·L^{-1} $CuSO_4$ 溶液完全反应所需加 Zn 粉的量。

(4)试比较作图外推法与测热容直接计算法哪种方法与理论值偏差大,并分析其主要原因。

实验 6　弱酸解离常数的测定

一、实验导读

在工农业生产和科学实验中,人类与溶液有着广泛的接触,许多反应是在溶液中进行的,许多物质的性质也是在溶液中体现的。我们还会遇到许多存在于水溶液中的化学平衡,如电解质在溶液中的解离。强电解质在水溶液中是完全解离的;而弱电解质在水溶液中存在着分子与其解离离子之间的平衡,其平衡常数称为解离平衡常数。弱酸性电解质的解离平衡常数用 $K_a^{\ominus}$ 表示,弱碱性电解质解离平衡常数用 $K_b^{\ominus}$ 表示。与其它平衡常数一样,解离平衡常数是化学平衡理论中重要的概念之一。其值越大,表明平衡时离子的浓度越大,电解质解离程度越大,即弱电解质解离得越多,因此可根据解离常数值的大小比较相同类型的弱电解质解离度的大小,即弱电解质的相对强弱。

弱电解质的解离平衡常数应用较广。比如缓冲溶液的选择和配制,解离平衡常数值是选择和配制缓冲溶液的重要参考数据。所配制缓冲溶液的 pH 值取决于缓冲对或共轭酸碱对中的 $K_a^{\ominus}$ 或 $K_b^{\ominus}$ 值以及缓冲对的两种物质浓度比。因此在选择具有一定 pH 值的缓冲溶液时,应选用弱酸(或弱碱)的 $K_a^{\ominus}$(或 $K_b^{\ominus}$)值等于或接近于所需〔H^+〕(或〔OH^-〕)的共轭酸碱对组成的混合溶液,即 $pH \approx pK_a^{\ominus}$ 或 $pOH = pK_a^{\ominus}$。

弱电解质解离常数的数值可以通过热力学数据计算求得,也可以通过一些物理化学实验方法测定。这些物理化学方法是借助物理和几何方法来研究化学平衡体系性质变化和组成关系的,通过组成性质的研究可以了解平衡体系所发生的化学变化。在研究电解质溶液的各种化学性质时,也可以采取这些方法。因为随着溶液组分发生变化,体系的某些性质也相应地发生变化。比如溶液的导电行为和导电性质是一个能直接反映出电解质本性的重要理化性质,它随着溶液组成的变化发生相应变化。而通过直接测定溶液的电导值以确定溶液中被测离子的浓度的方法称为电导分析法。

电导分析法包括直接电导法和电导滴定法。

直接电导法具有灵敏度高、仪器简单、测量方便等优点,因而得到广泛应用。

1. 水质纯度的测定

水的电导率反映了水中电解质的多少,是一个非常重要的指标。不但在实验室及一切生产高能用水的地方通过测定电导率监测蒸馏水或去离子水的质量,而且在锅炉用水、工业废水方面也是通过测定电导率来估计水质。

目前用得较多的是评价水的纯度,在工业上一般用电导法来监测水中总盐分(如海水的盐度等)。

2. 土壤分析

土壤电导率反映了土壤中含有可溶性电解质的量,可以通过测定土壤电导率进行土壤分析。

3. 气体分析

大气中 SO_2、SO_3、H_2S、NH_3、HCl、CO_2 等气体用吸收溶液吸收后,可通过测定溶液的电导率的变化来监测大气中上述气体的含量。而 CO、CH_4 等也可先氧化生成 CO_2,再通过 H_2O 吸收,测定其电导变化。

此外,钢铁中的碳、硫等含量都可以用电导法测定。电导池作为色谱检测器也有广泛的应用,有机物中的碳、氢、卤素、硫等也可用电导法测定。

但由于在测量时溶液中所有离子对溶液的电导均有贡献,因此,这一方法的选择性较差。

在物理化学研究中,电导分析法可以用来测定介电常数、弱电解质的解离常数,以及测定有 H^+ 或 OH^- 参与的化学反应的速率常数等。方法简便,精度也较高。

本实验即是以醋酸(HAc)为例,通过测定溶液的电导值获得弱电解质的解离常数数值。

本实验要求了解电导率法测定一元弱电解质电离常数的原理和方法,并了解 DDS – ⅡA 型电导率仪的使用方法。

二、实验提要

一元弱酸弱碱的标准解离常数 $K^\ominus$ 与解离度 α 有一定的关系。例如,HAc 溶液

$$HAc \rightleftharpoons H^+ + Ac^-$$

起始浓度/$(mol \cdot L^{-1})$ $\qquad\qquad$ c $\qquad$ 0 $\qquad$ 0

平衡浓度/$(mol \cdot L^{-1})$ $\qquad\qquad$ $c - \alpha$ $\quad$ α $\quad$ α

$$K^\ominus = \frac{[c(H^+)/c^\ominus][c(Ac^-)/c^\ominus]}{[c(HAC)/c^\ominus]} = \frac{(c/c^\ominus)^2\alpha^2}{(c/c^\ominus)(1-\alpha)} =$$
$$\frac{(c/c^\ominus)\alpha^2}{1-\alpha} = \frac{c\alpha^2}{1-\alpha} \tag{2.5}$$

解离度可通过测定溶液的电导来求得,从而求出解离常数。

电解质溶液导电能力的大小,通常用电导 G 表示。电导等于电阻的倒数,$G = 1/R$,其单位是 Ω^{-1}。一切导体的电阻都服从下式

$$R = \rho \frac{l}{A}$$

则

$$G = \frac{1}{R} = \frac{1}{\rho}\frac{A}{l}$$

式中　ρ——电阻率,其倒数称为电导率,用 χ 表示,所以

$$G = \chi \frac{A}{l} \tag{2.6}$$

电导率是指长 1 m、截面积为 1 m^2 的导体的电导。它不仅与温度有关,而且还与溶液的浓度有关,χ 的单位为 $\Omega^{-1} \cdot m^{-1}$。

测定溶液电导使用电导率仪及电导电极。电导电极由两块面积约 1 cm^2、间距约 1 cm 的铂片平行镶嵌在玻璃框架上构成。每个电导电极的 $\frac{A}{l}$ 为一常数,称为电极常数。它可直接测量定出,亦可通过测量已知电导率的 KCl 溶液的电导,按式(2.6)求出。

在一定温度下,同一类电解质不同浓度的溶液电导与两个因素有关:①溶液中溶解的电解质的量;②电解质的解离度。若使前一因素固定,则溶液的电导就只与电解质的解离度有关,为此,人们引进了摩尔电导率的概念。

将含有 1 mol 电解质的溶液全部置于相距 1 m 的两个平行电极之间所表现出来的电导,称为摩尔电导率。设溶液中某物质的量浓度为 c,单位为 $mol \cdot L^{-1}$,则含 1 mol 电解质溶液的体积 $V_m = \frac{1}{c} \times 10^3$,故溶液的摩尔电导率 λ_m 为

$$\lambda_m = \chi \frac{1}{c} \times 10^{-3} \tag{2.7}$$

λ_m 的单位是 $\Omega^{-1} \cdot m^2 \cdot mol^{-1}$。

对于弱电解质来说,在无限稀释时,可看做完全解离,这时溶液的摩尔电导率称为极限摩尔电导率,以 λ_m^∞ 表示。在一定温度下,弱电解质的极限摩尔电导率是一定的,表 2.1 列出无限稀释时醋酸的极限摩尔电导率。

表 2.1　不同温度下醋酸的极限摩尔电导率

温度/℃	0	18	25	30
$\lambda_m^\infty/(\Omega^{-1} \cdot m^2 \cdot mol^{-1})$	0.024 5	0.034 9	0.039 07	0.042 19

对于弱电解质来说,某浓度时的电离度等于该浓度时的摩尔电导率与极限摩尔电导率之比。即

$$\alpha = \frac{\lambda_m}{\lambda_m^\infty} \tag{2.8}$$

将式(2.8)代入式(2.5),得

$$K^\ominus = \frac{c\alpha^2}{1-\alpha} = \frac{c\lambda_m^2}{\lambda_m^\infty(\lambda_m^\infty - \lambda_m)} \tag{2.9}$$

这样,可以从实验中测定出浓度为 c 的 HAc 溶液的电导率 χ 后,代入式(2.8),算出 λ_m,再将 λ_m 值代入式(2.9),即可算出 HAc 的 $K^\ominus$。

三、实验内容

1. 不同浓度 HAc 溶液的配制

将 3 个洗净的 100 ml 容量瓶编成 2、3、4 号,再依次用 50 ml、25 ml、10 ml 移液管吸取准确浓度的 HAc 溶液,分别置于 2、3、4 号容量瓶中,然后用蒸馏水稀释至刻度,混合均匀。算出各瓶溶液的准确浓度,记录在表 2.2 中(或书后实验 6 报告相应的表格中)。(1 号原液为实验室已配好的准确浓度的 HAc 溶液)

表 2.2　实验数据记录表

待测 HAc 溶液序号	$\dfrac{c(\text{HAc})}{(\text{mol} \cdot \text{L}^{-1})}$	电导率 $\chi/(\Omega^{-1} \cdot m^{-1})$		
		一次	二次	平均值
1(原液)				
2				
3				
4				

注:实验测出 χ 的数值,其单位是 $\mu\Omega^{-1} \cdot cm^{-1}$。需换算成 $\Omega^{-1} \cdot m^{-1}$ 后,再填入表 2.2 中(1 $\mu\Omega^{-1} \cdot cm^{-1}$ = $10^{-4}\Omega^{-1} \cdot m^{-1}$)。

2. 电导率仪的使用

电导率仪的使用方法见附录 2.1。

3. 不同浓度 HAc 溶液电导率的测定

测定不同浓度 HAc 溶液的电导率时,应该按由稀至浓顺序依次进行。

将待测溶液倒入 50 ml 烧杯中,然后把烧杯放入恒温水浴(水温为 18℃、25℃ 或 30℃),稳

定3～5 min后,搅拌溶液(玻璃棒用前应用滤纸擦干),轻轻落下用待测溶液洗过的电极[①],使液面高于电极 1～2 cm,进行测量,连续测定 2 次,取平均值。用同样方法测出其它各号溶液的电导率,将数据记录在表 2.2 中。全部测定后,拆下电极,用蒸馏水洗涤数次,放回电极盒中。

4.电离常数的计算

将溶液浓度和测得电导率值代入式(2.7)中求得 λ_m,再通过式(2.8)求得 α,进而通过式(2.9)求得 4 个 $K_{HAc}^{\ominus}$ 值,将其加和平均,即得 HAc 的解离常数测定值。

四、思考题

(1)什么叫电导、电导率和摩尔电导率?

(2)测定 HAc 溶液的电导时,为什么要按由稀到浓的顺序进行?

(3)稀释 HAc 溶液时,溶液的 H^+ 浓度是增大还是减小? 为什么?

---

① 　每次实验结束后,实验室人员均需按电极处理的要求对电极进行严格处理,并检查电极是否好用。

实验 7　溶液中的离子平衡

一、实验导读

在工农业生产、科学研究及日常生活中,许多化学反应都是在水溶液中进行的。参与这些反应的物质主要是酸、碱和盐,它们都是电解质,因而了解电解质在水溶液中的反应规律是非常有意义的。通过本实验可以了解弱电解质溶液中的电离平衡及平衡移动的规律;了解缓冲溶液的配制及其性质;了解难溶电解质溶液中的多相离子平衡及溶度积规则。

1. 溶液 pH 值的重要性

从人类到各类微生物都离不开水溶液。人有体液(血浆、细胞液等)、分泌物液(唾液、尿等),其它动植物、微生物体内也都有各种溶液,正常的生理、生化过程就是在这些生物体内进行的。无论是生物体内部的还是外界环境的水溶液,都有一项共同的指标,即呈现出一定的 pH 范围,而且常常是较狭窄的范围。例如,标准饮水 pH 在 7.35 ~ 7.40,成人胃液 pH 在 0.9 ~ 1.5 等。

经过了世世代代的发展和进化,生物体的组织、器官及内部过程已经习惯于在一定 pH 下活动,其间存在着极其繁杂的平衡状态,而氢离子浓度正是介入这种平衡的重要因素之一。一旦由于外来或内在的 pH 因素失调,便牵一发而动全身,使体内的原有复杂平衡状态移动,正常的生理生化过程不能进行或受到严重阻碍,生命现象便难以继续下去,或者出现畸变现象。自然界也是这样。例如,由于人类生产及生活活动,燃烧了大量的煤及石油,冶炼产生了大量的二氧化硫,它排放到空气中,又被氧化成三氧化硫及硫酸,随降雨回落到地面上,产生了"酸雨"。正常的雨应该是"蒸馏水",但由于溶解了二氧化碳,pH 为 5.7 ~ 6.0,而酸雨的 pH 在 5 以下,甚至达到 2.1 的高酸度。它所到之处造成大量陆生植物及鱼虾的死亡或生长不正常,这是大气污染中的一个严重问题。又如,人体血液的正常 pH 为 7.4 左右,如果酸碱度突然改变,就会引起"酸中毒"或"碱中毒",当 pH 值的改变超过 0.5 时,就可能会导致生命危险。所以,大到保护环境,中到搞好农牧生产,小到维护个人卫生健康,pH 值都起到了重要的作用。

2. 缓冲溶液的重要作用

稳定的 pH 值对于生物体及生态环境有着重要意义,保持 pH 值的稳定性通常是由缓冲溶液来实现的。

人体的血液中有 H_2CO_3 – $NaHCO_3$ 等所形成的缓冲系统,生态环境中也存在着各种各样的缓冲系统,这可在一定程度上维持体液和环境的 pH 不致发生剧变,为生命的存在、延续和发展提供了条件。

缓冲溶液在工业、农业等方面也有着广泛的应用。例如,在硅半导体器件的生产过程中,需要用氢氟酸腐蚀,以除去硅片表面没有用胶膜保护的那部分氧化膜 SiO_2。反应为

$$SiO_2 + 6HF \Longrightarrow H_2[SiF_6] + 2H_2O$$

如果单独用 HF 溶液作腐蚀液,水合 H^+ 浓度太大,而且随着反应的进行,水合 H^+ 浓度也会发生变化,即 pH 不稳定,造成腐蚀的不均匀。因此需要用 HF 和 NH_4F 制成缓冲溶液进行腐蚀,才能达到工艺的要求。又如,金属器件进行电镀时的电镀液中,常用缓冲溶液来控制一定的 pH 值。在制革、染料等工业以及化学分析中也常用到缓冲溶液。在土壤中,由于含有 HCO_3^- 和 NaH_2PO_4 – Na_2HPO_4 以及其它有机弱酸及其共轭碱所组成的复杂缓冲系统,能使土壤维持一

定的 pH 值,从而保证了植物的正常生长。

3.沉淀反应的应用

在科学研究和生产中,经常要利用沉淀反应来制备材料、分离杂质、处理污水和鉴定离子等。

二、实验提要

1.弱电解质的电离平衡

一元弱酸的电离常数用 $K_a^{\ominus}$ 表示,例如,醋酸的水溶液中存在着下列平衡

$$HAc(aq) \Longrightarrow H^+(aq) + Ac^-(aq)$$

在一定温度下,其电离常数表达式为

$$K_a^{\ominus} = \frac{[c(H^+)/c^{\ominus}] \cdot [c(Ac^-)/c^{\ominus}]}{c(HAc)/c^{\ominus}}$$

式中　$c(H^+)$、$c(Ac^-)$——H^+ 和 Ac^- 离子的平衡浓度;

　　$c(HAc)$——平衡时未电离的醋酸分子浓度。

一元弱碱的电离常数用 $K_b^{\ominus}$ 表示,例如,氨水溶液中存在下列平衡

$$NH_3(aq) + H_2O(l) \Longrightarrow NH_4^+(aq) + OH^-(aq)$$

$$K_b^{\ominus} = \frac{[c(NH_4^+)/c^{\ominus}][c(OH^-)/c^{\ominus}]}{c(NH_3)/c^{\ominus}}$$

从上式可以看出,电离常数 $K_a^{\ominus}$、$K_b^{\ominus}$ 值越大,达到平衡时离子浓度也就越大,即弱电解质电离的越多。

定量地表示弱电解质电离程度的另一个物理量是电离度,通常用希腊字母 α 表示,是指电离平衡时弱电解质的电离百分率。

当 $\alpha < 5\%$(为了保证计算误差 $\delta \leqslant 4\%$)时,α 与 $K_a^{\ominus}$(或 $K_b^{\ominus}$)的近似计算关系式为

$$\alpha \approx \sqrt{\frac{K_a^{\ominus}}{c}} \quad \text{或} \quad \alpha \approx \sqrt{\frac{K_b^{\ominus}}{c}}$$

2.弱电解质电离平衡的移动

在弱电解质溶液中加入含有相同离子的强电解质,使弱电解质的电离度减少,这种现象叫做同离子效应。

弱酸(或弱碱)及其盐的混合溶液,能一定程度地抵抗少量外加酸或碱或稀释的作用,而保持溶液的 pH 值不变或改变很小,这种溶液叫做缓冲溶液。

缓冲溶液的 pH 值的计算公式为

$$pH = pK_a^{\ominus} - \lg\frac{c(酸)/c^{\ominus}}{c(盐)/c^{\ominus}} \quad \text{或} \quad pH = 14 - pK_b^{\ominus} + \lg\frac{c(碱)/c^{\ominus}}{c(盐)/c^{\ominus}}$$

3.难溶电解质的溶解平衡

难溶电解质在溶液中,存在着下述平衡

$$A_nB_m(s) \Longrightarrow nA^{m+}(aq) + mB^{n-}(aq)$$

其溶度积常数　　　　$K_{sp}^{\ominus}(A_nB_m) \longrightarrow [c(A^{m+})/c^{\ominus}]^n \cdot [c(B^{n-})/c^{\ominus}]^m$

例如,对于 $AgCl(s) \Longrightarrow Ag^+(aq) + Cl^-(aq)$,$K_{sp}^{\ominus}(AgCl) = [c(Ag^+)/c^{\ominus}] \cdot [c(Cl^-)/c^{\ominus}]$。

难溶电解质的溶解平衡,在条件改变时,也会发生平衡的移动。

三、实验内容

1. 同离子效应对弱电解电离度的影响

(1) 取 1 ml 0.1 mol·L^{-1} 的 HAc 溶液于试管中,加 1 滴甲基橙指示剂,观察溶液呈何颜色。然后再加少量固体 NaAc,振荡,溶解后观察颜色有何变化,说明原因。

(2) 取 1 ml 0.1 mol·L^{-1}NH$_3$·H$_2$O 于试管中,加 1 滴酚酞指示剂,观察溶液呈何颜色。然后在此溶液中加入少量固体 NH$_4$Cl ,振荡.观察溶液颜色有无变化,说明原因。

2. 同离子效应对难溶电解质溶解度的影响

在洁净的试管中,加 5 滴饱和 PbCl$_2$ 溶液,然后再加 5 滴 2 mol·L^{-1}HCl 溶液,观察有无沉淀生成,说明原因。

3. 缓冲溶液的配制及其性质

(1) 往两支试管中各加入 2 ml 蒸馏水,用 pH 试纸检测其 pH 值。然后在其中 1 支试管中加入 2 滴 0.1 mol·L^{-1}HCl 溶液,在另 1 支试管中加 2 滴 0.1 mol·L^{-1}NaOH 溶液,再分别用 pH 试纸检测其 pH 值,并与蒸馏水的 pH 值进行比较,观察有无变化,说明原因。

(2) 取 2 ml 0.1 mol·L^{-1}HAc 溶液和 2 ml 0.1 mol·L^{-1}NaAc 溶液于 1 支试管中,摇匀,即配成了 HAc – NaAc 缓冲溶液。用 pH 试纸测定其 pH 值。再将此缓冲溶液分装为两个试管中,其中 1 支加 2 滴 0.1 mol·L^{-1}HCl 溶液,另 1 支加 2 滴 0.1 mol·L^{-1}NaOH,然后用 pH 试纸分别测其 pH 值,并与原来缓冲溶液的 pH 值进行比较,观察有无变化,说明原因。

4. 沉淀的生成和分步沉淀

(1) 取 2 支试管,其中 1 支加入 5 滴 0.1 mol·L^{-1}Pb(NO$_3$)$_2$ 溶液和 5 滴 0.1 mol·L^{-1}KI 溶液,在另一支试管中加 5 滴 0.001 mol·L^{-1}Pb(NO$_3$)$_2$ 溶液和 5 滴 0.001 mol·L^{-1}KI 溶液,观察两支试管中有无沉淀生成。

PbI$_2$ 的溶度积是 7.10×10^{-9},根据计算,解释实验现象。

(2) 在 1 支试管中加入 2 ml 蒸馏水,然后加入 2 滴 0.1 mol·L^{-1}AgNO$_3$ 溶液和 2 滴 0.2 mol·L^{-1}Pb(NO$_3$)$_2$ 溶液,摇匀。再逐滴加入 0.05 mol·L^{-1}K$_2$CrO$_4$ 溶液(注意每加 1 滴后,都要充分振荡),观察先生成的沉淀是黄色(PbCrO$_4$),还是砖红色(Ag$_2$CrO$_4$),再继续滴加 K$_2$CrO$_4$ 溶液,沉淀颜色有无变化。用溶度积规则加以解释。

5. 沉淀的溶解和转化

(1) 向试管中加入 10 滴 0.1 mol·L^{-1}CaCl$_2$ 溶液,然后逐滴加入 0.1 mol·L^{-1}Na$_2$CO$_3$ 溶液,观察沉淀的生成。再向此溶液中滴加 0.1 mol·L^{-1}HCl 溶液直至沉淀全部溶解。用离子平衡移动原理加以解释。

(2) 在试管中加 1 ml 0.1 mol·L^{-1}MgSO$_4$ 溶液,再逐滴加入 6 mol·L^{-1}氨水直至出现沉淀,此时生成的沉淀是什么?然后向此溶液中再加少量固体 NH$_4$Cl,充分振荡。观察沉淀是否溶解,用离子平衡原理加以解释。

(3) 取 5 滴 0.1 mol·L^{-1}AgNO$_3$ 溶液于试管中,加 5 滴 0.1 mol·L^{-1}K$_2$CrO$_4$ 溶液,充分振荡。观察生成沉淀的颜色,再向其中滴加 0.1 mol·L^{-1}NaCl 溶液,边加边振荡直至砖红色沉淀消失,白色沉淀生成为止,解释现象。

四、思考题

(1) 什么叫同离子效应?它对弱电解质和难溶电解质有何影响?

(2) 怎样计算缓冲溶液的 pH 值?

(3) 沉淀生成和溶解的条件是什么?

实验 8 反应速率常数与活化能的测定

一、实验导读

金属铁在空气中能与氧气反应生成氧化物。一个小铁块被完全锈蚀(氧化),至少需要两三年的时间。但当把它制成很细的铁粉后,可以在几个小时内完全氧化且放出大量的热。如果将铁粉隔绝空气,加热至几百度后再与空气接触,则会快速氧化放出耀眼的光芒。这从一个侧面说明。化学反应速率的大小,主要取决于:反应物本性、反应温度和反应物浓度。

在发生化学反应时,只有极少部分能量比分子平均能量高得多的反应物分子发生碰撞时,才可能发生反应。这些大大高于分子平均能量,且碰撞时可能发生反应的分子叫活化分子。

在化学反应中,使普通分子变成活化分子所需提供的最低限度能量叫活化能。其单位通常用 $kJ \cdot mol^{-1}$ 表示。活化能可以理解为反应物变为产物所必须具有的能量。从微观上看,稳定分子之间要发生化学反应,必须克服分子间的斥力,才能使分子接近,并借助能量的传递,使反应物分子旧的化学键断裂,进而形成产物分子新的化学键。因此只有那些能量足够高的分子碰撞时,能量的积累足以克服分子间的斥力,破坏反应物的分子化学键,才可能发生反应,转变为产物。活化能是决定反应速率大小的一个内在因素。在一定温度下,活化能愈大反应愈慢;反之,反应愈快。在常温下,活化能小于 $40\ kJ \cdot mol^{-1}$ 的反应非常快,大于 $120\ kJ \cdot mol^{-1}$ 的反应则非常慢,一般反应的活化能为 $40 \sim 80\ kJ \cdot mol^{-1}$。

反应物浓度愈大,单位体积中活化分子的数目也就越多,因此增加反应物浓度可以加快反应速率;温度升高,分子的能量增加,可产生更多的活化分子,亦即活化分子百分数增加,反应速率从而加快;使用催化剂可使反应速率加快,则是催化剂降低了反应活化能的缘故。

本实验要求通过测定速率常数实验数据来求算活化能,并了解温度对反应速率的影响。

二、实验提要

1. 过氧化氢与酸性碘化钾反应的动力学

过氧化氢与酸性碘化钾的反应为

$$H_2SO_4 + 2KI + H_2O_2 = 2H_2O + I_2 + K_2SO_4$$

离子方程式为

$$2H^+ + 2I^- + H_2O_2 \longrightarrow 2H_2O + I_2$$

在 KI 的酸性溶液中,加入一定量的淀粉溶液和 $Na_2S_2O_3$ 标准溶液,然后一次加入一定量的 H_2O_2 溶液。在溶液中进行的反应如下:

(1) $I^- + H_2O_2 \longrightarrow IO^- + H_2O$ 反应很慢

(2) $I^- + IO^- + 2H^+ \longrightarrow I_2 + H_2O$ 反应很快

(3) $I_2 + 2S_2O_3^{2-} \longrightarrow 2I^- + S_4O_6^{2-}$ 反应很快

(4) $I_2 + 淀粉 \longrightarrow 蓝色$ 反应很快

当溶液中的 $Na_2S_2O_3$ 未消耗完时溶液是无色的,当溶液中 $Na_2S_2O_3$ 一经消耗完毕,反应(2)所产生的 I_2 和溶液中的淀粉作用,使溶液立即变蓝。这时如再加入一定量的 $Na_2S_2O_3$ 溶液又变成无色。记录每次蓝色出现的时间,即可得到每次蓝色出现时溶液中 H_2O_2 的浓度。

因(2)、(3)、(4)均为很快的反应,而反应(1)很慢,故反应速率主要由式(1)来决定。

由上述反应步骤可知,在每次加入 $Na_2S_2O_3$ 溶液时,均再生成了 I^-,因此在反应过程中 $[I^-]$ 是个常数。所以反应速率可以写成

$$-\frac{d[H_2O_2]}{dt} = k'[H_2O_2][I^-] = k[H_2O_2]$$

其中 $k = k'(I^-)$。上式积分后即得

$$-\int_{c_0}^{c_t} \frac{dc}{c} = k\int_0^t dt$$

$$-\ln\frac{c_t}{c_0} = \ln\frac{c_0}{c_t} = kt$$

若改用常用对数,则有

$$2.303\lg\frac{c_0}{c_t} = kt$$

即

$$k = \frac{2.303}{t}\lg\frac{c_0}{c_t} \qquad\qquad (2.10)$$

式中　　c_0——H_2O_2 在时间 $t = 0$ 时的浓度;

　　　　c_t——H_2O_2 在时间 t 时的浓度;

　　　　c_0——可用化学方法直接测定得到;

　　　　c_t——可通过记录各次出现蓝色的时间而求得。

2. 阿累尼乌斯公式

当温度变化范围不大时,反应速率常数与温度的关系可用阿累尼乌斯公式表示如下

$$\lg\frac{k_2}{k_1} = \frac{E}{2.303R}\left(\frac{1}{T_1} - \frac{1}{T_2}\right) \qquad\qquad (2.11)$$

式中　　k_1、k_2——在温度 T_1、T_2 时的反应速率常数;

　　　　E——反应的活化能;

　　　　R——理想气体常数。

当测定了两个不同温度下的 k 值后,即可由上式算出 E。

3. H_2O_2 溶液浓度的计算

$$c_t = \frac{c(H_2O_2)\cdot V(H_2O_2) - \frac{1}{2}c(Na_2S_2O_3)\cdot V(Na_2S_2O_3)}{260 + V(Na_2S_2O_3)}$$

$$(V(Na_2S_2O_3) = 1)$$

三、实验内容

1. 酸性碘化钾溶液的配制

取 250 ml 容量瓶,加入 30 ml 0.4 mol·L^{-1}KI 溶液,加水到容量瓶体积的 2/3 处后,再加入 15 ml 3 mol·L^{-1} H_2SO_4 及 3 ml 淀粉溶液,加水稀释到刻度,摇匀。将全部溶液倒入 1 000 ml 的烧杯内。

2. 室温时 H_2O_2 反应速率常数的测定

在装有反应液的烧杯中放入一磁子,将烧杯放在磁力搅拌器上搅拌。用注射器取

1 ml 0.100 0 mol·L^{-1}Na$_2$S$_2$O$_3$ 溶液注入烧杯中,然后用移液管吸取 10 ml 0.100 0 mol·L^{-1} H$_2$O$_2$ 溶液加入此烧杯中,反应开始进行。当溶液第一次出现蓝色时,随即启动电子秒表,并立即加入 1 ml Na$_2$S$_2$O$_3$ 溶液(注意:按表和注入要同时进行)。当蓝色第二次出现时,利用电子秒表的取样功能,记录时间数据,同时再加入 1 ml Na$_2$S$_2$O$_3$ 溶液。以此类似,每当蓝色出现时,均记时并加入 1 ml Na$_2$S$_2$O$_3$ 溶液,直到记录 5 次时间数据为止。

3. 高于室温以上 10℃时反应速率常数的测定

同前配制溶液。将盛有反应液的烧杯放到恒温水浴上加热,当加热到高于原始溶液温度 10℃时,将烧杯移至磁力搅拌器上搅拌。由于在高温时,反应速率很快,反应时间很短,而所用反应溶液又较多,所以在测定过程中,温度下降不多,可以满足测量精度。

4. 实验数据处理

实验数据的计算比较复杂、繁琐,同学可使用实验室提供的程序进行计算,也可用附录三中的 3.2 给出的 C 语言程序进行计算。

四、思考题

(1)配溶液时为什么要先冲稀,再加入 3 mol·L^{-1}的 H$_2$SO$_4$ 和淀粉溶液?

(2)实验中用到的 KI、H$_2$SO$_4$、淀粉、Na$_2$S$_2$O$_3$ 和 H$_2$O$_2$,哪些需要准确量取? 哪些不需要准确量取? 分别使用什么玻璃仪器?

(3)为什么要到每次蓝色出现时才计时? 我们以第一次蓝色出现时作为反应的开始,如果准备不好,第一次蓝色出现时来不及计时,由第二次蓝色出现时开始计时,作为反应的开始是否可以? 在计算过程中要注意什么?

(4)实验中反应方程式为

$$H_2SO_4 + 2KI + H_2O_2 \longrightarrow 2H_2O + I_2 + K_2SO_4$$

分两步

$$I^- + H_2O_2 \longrightarrow IO^- + H_2O \quad (慢)$$

$$I^- + IO^- + 2H^+ \longrightarrow I_2 + H_2O \quad (快)$$

按理来说该反应是二级,但本实验却按一级反应处理,为什么?

第三编 氧化还原反应与电化学

实验 9 氧化还原反应与电动势的测定

一、实验导读

电化学反应所发生的是氧化还原反应,这是一类比较普遍的反应。其理论方法、技术的应用越来越多地与其它自然科学或技术学科相互交叉和渗透。在电化学能源开发和应用中,各种类型的电池和蓄电池无疑是利用氧化还原反应中化学能与电能相互转化的典型代表。理论上任何一个氧化还原反应都可以设计成一个电池,但真正要做成一个有实际应用价值的电池并非易事。

1. 常见电池类型

(1) 锌 – 锰干电池。锌 – 锰干电池放电时电池总反应为

$$Zn(s) + 2MnO_2(s) + 2NH_4^+(aq) =\!=\!= Zn^{2+}(aq) + Mn_2O_3 + 2NH_3(aq) + H_2O(l)$$

在使用过程中,锌皮逐渐消耗,MnO_2 不断被还原,电压慢慢降低,最后电池失效,因此也称为一次性电池。

(2) 铅蓄电池。铅蓄电池在放电时相当于一个原电池的作用,其电池总反应为

$$PbO_2(s) + Pb(s) + 2H_2SO_4(aq) =\!=\!= 2PbSO_4(s) + 2H_2O(l)$$

充电时,电池反应相当于一个电解池,其电池反应恰好是放电反应的逆反应。一个电池可以充放电 300 多次。这种蓄电池具有电动势高、电压稳定、使用温度范围宽、原料丰富、价格便宜等优点,主要用作汽车、矿石车辆、潜艇等的动力和启动电源,它的主要缺点是笨重、防震性差、易溢出酸雾以及携带不便等。

新技术的发展,迫切要求研制体积小、质量轻、容量大、保存时间长的各种新型化学电源。碱性蓄电池就是其中的一种。

(3) 碱性蓄电池。日常生活中使用的充电电池有镍-镉和镍-铁两类,它们的体积和电压都和干电池差不多,其携带方便,使用寿命比铅蓄电池长得多,只要使用得当,可以反复充放电上千次,但价格较贵。它们在充放电时的电池反应方程为

$$Cd + 2NiO(OH) + 2H_2O \xrightarrow[\text{充电}]{\text{放电}} 2Ni(OH_2) + Cd(OH)_2$$

$$Fe + 2NiO(OH) + 2H_2O \xrightarrow[\text{充电}]{\text{放电}} 2Ni(OH)_2 + Fe(OH)_2$$

这类电池已使用在宇航、火箭、潜艇、手机和照相机等方面。

(4) 燃料电池。在电化学能源的开发中,燃料电池占有重要地位。在燃料电池中发生的氧化还原反应为

$$2H_2(g) + O_2(g) \xrightarrow{KOH} H_2O(g)$$

这一反应恰是电解水的逆反应。宇航员就是使用 $H_2 - O_2$ 燃料电池作为电源进行无线电通讯、照明和加热飞船座舱,饮用的水也是燃料电池蒸发出来的。

2.电化学腐蚀及保护方法

(1)金属腐蚀。当金属与周围介质接触时,由于发生化学作用或电化学作用而引起的材料性能的退化与破坏叫做金属的腐蚀。从热力学的观点看,金属腐蚀过程是一个能量降低的过程,是金属自发地回复到在自然界中原有化合物状态的过程,因此,金属的腐蚀现象是十分普遍的。电化学腐蚀就是金属和电解质溶液接触形成原电池而引起的氧化还原反应。例如,在美国曾发生过一起吊桥突然断裂堕入河中的事故,造成 46 人死亡,多人受伤。事后调查是由于钢梁和钢链条因大气中含微量 SO_2 和 H_2S 引起电化学腐蚀造成的。另一起是 1965 年,在美国路易斯安娜洲发生的输气管道大爆炸,死 17 人,伤多人,造成重大经济损失。事后美国当局进行了严格调查,认为事故的起因是由于输气管道在土壤的电化学腐蚀作用下,出现穿孔漏气。现在世界上每年生产金属材料 10 亿吨以上,有近 4 亿吨因遭腐蚀不能使用。除此之外,腐蚀造成的间接经济损失更是无法估计。各种腐蚀不仅使常规武器性能下降,也使得现代高科技尖端武器精度受到严重威胁。今天随着腐蚀带来生产中的跑、冒、滴、漏,致使有毒气体和液体不断排入空气和水中,人们的生存环境也日益恶化。因此金属腐蚀与防护已成为当前科学研究和工程技术发展的重要课题之一。

金属腐蚀可分为化学腐蚀和电化学学腐蚀。化学腐蚀是金属表面与气体或非电解质溶液接触发生化学作用而引起的腐蚀;而电化学腐蚀是由于金属及其合金在周围介质的电化学作用下而引起的腐蚀,实质上是由于金属表面形成许多微小的短路原电池作用的结果。电化学腐蚀的现象是非常普遍的,金属在大气、土壤及海水中的腐蚀和在电解质溶液中的腐蚀都为电化学腐蚀。

影响金属电化学腐蚀的因素较多,包括金属的活泼性、金属在特定介质中的电极电势及环境的酸度、湿度等。

当发生电化学腐蚀时,在腐蚀电池中还原电极电势比较低的金属(阳极)被氧化,即被腐蚀;还原电极电势比较高的金属(阴极)仅起传递电子的作用,在其上进行氧化剂的还原反应。

避免发生电化学腐蚀的方法很多:可以隔绝金属与周围介质的接触,即避免腐蚀原电池的形成,如在金属表面覆盖各种保护层;可以在腐蚀性介质中加入少量能减小腐蚀速率的缓蚀剂来抑制腐蚀;也可以改变被保护金属在周围介质中的电极电势值,使其成为阴极而减弱或避免腐蚀的发生,比如将被保护金属作为腐蚀电池阴极的牺牲阳极保护法和外加电流法等。常用的牺牲阳极材料有铝合金、镁合金与锌合金等,此法适用于海轮外壳、海底设施的保护;而外加电流法适用于防止土壤、海水及河水中设备的腐蚀,尤其是对地下管道(水管、煤气管)、电缆的保护等。

腐蚀会给人类带来危害,引起惊人的损害。但也可利用其为人类造福。例如,工程技术中常利用腐蚀原理进行材料的加工,"化学蚀刻"方法就是利用其进行金属定域"切削"的加工方法。

(2)电化学腐蚀及保护方法。在材料的保护和制备过程中,采用电化学方法是最行之有效的办法。

我们知道金属的电化学腐蚀是造成金属材料腐蚀的主要原因,采用牺牲阳极保护法、外加电流保护法以及使用缓蚀剂和表面纯化处理等可以控制电化学腐蚀速度。

电镀是电化学技术应用的重要方面,不仅可以抑制金属腐蚀,也可以增加镀件美观。近代,汽车、电子以及新材料等工业部门的发展需求对电镀工业技术起了积极的推动作用,特别引人注目的是电沉积法制备各种功能材料或功能表面层,如磁性薄膜、芯片、半导体膜等。

通过电解的方法可精炼金属、制备无机和有机物,氯碱工业就是一个典型例子,其电解过程的氧化还原反应方程为

$$2NaCl + 2H_2O \xrightarrow{\quad\quad} 2NaOH + H_2(g) + Cl_2(g)$$

在治理环境污染过程中,采用电化学方法的实际例子也很多,环境污染主要来自城市交通工具和工矿企业的三废排放。而治理各类车辆排放的废气是城镇环保亟待解决的难题,开发以其电池或燃料电池为动力的车辆是未来世界的发展方向。

除此之外,应用电化学方法模拟生物体内各种器官的生理规律及其变化的心电图、脑电图等,利用电化学方法模拟生物功能如人造器官、生物电池、心脑起搏器已是人所共知之事。

总而言之,电化学方法无论在新能源的开发和利用、新材料的制备和防护方面,还是在环境保护和污染的治理、生物工程和信息工程方面都得到了广泛应用,并且正在带来显著的社会效益和经济效益。

3. 原电池电动势的测定

在电化学领域中,电极电势是最基本的概念。它可用来比较物质的氧化能力、还原能力的强弱,判断氧化还原反应进行的方向和程度等。但因电极电势的绝对值是无法测量的,在电化学中,将标准氢电极的电极电势定为零,其它电极的电势值是与标准氢电极比较而得到其相对值。在实际测量中对标准氢电极的要求苛刻,不容易实现,所以常用参比电极(如甘汞电极、银 – 氯化银电极等)代替。这样电极的电势值就容易测量了。它的测量是在待测电极与参比电极组成的原电池中进行的,只要测得原电池的电动势数值,即可求得该电极的电极电势值。

本实验要求了解氧化还原反应与电化学的关系;金属电化学腐蚀的原理及两种主要形式;熟悉原电池装置及反应,掌握使用酸度计粗略测量原电池电动势的方法。

二、实验提要

1. 氧化还原反应进行的方向

电极电势代数值高的电对中的氧化态物质具有较强的夺取电子的能力,电极电势代数值低的电对中的还原态物质具有较易给出电子的能力。因此,可以根据电极电势代数值的高低,判断氧化剂和还原剂的强弱和氧化还原反应进行的方向。

电极电势代数值大的氧化态物质的氧化能力大于电极电势代数值小的氧化态物质的氧化能力。电极电势代数值小的还原态物质的还原能力大于电极电势数值大的还原态物质的还原能力。因此电化学反应是电极电势代数值大的氧化态物质和电极电势代数值小的还原态物质发生反应。若两者的标准电极电势代数值相差不大,则应考虑浓度对电极电势的影响。

2. 介质对氧化还原反应的影响

介质对氧化还原反应的影响很大,例如,高锰酸钾在酸性介质中被还原成为 Mn^{2+} 离子(无色或浅红色)

$$MnO_4^- + 8H^+ + 5e \Longleftrightarrow Mn^{2+} + 4H_2O \qquad \varphi^{\ominus}(Mn^{2+}/MnO_4^-) = 1.40 \text{ V}$$

在中性或弱碱性介质中被还原成为二氧化锰(褐色或暗红色沉淀)

$$MnO_4^- + 2H_2O + 3e \Longrightarrow MnO_2 + 4OH^- \qquad \varphi^{\ominus}_{MnO_2/MnO_4^-} = 0.588 \text{ V}$$

在强碱性介质中被还原成为 MnO_4^{2-}(绿色)

$$MnO_4^- + e \Longrightarrow MnO_4^{2-} \qquad \varphi^{\ominus}MnO_4^{2-}/MnO_4^- = 0.564 \text{ V}$$

由此可见,高锰酸钾在不同的介质中还原产物有所不同,并且其氧化性随介质酸性的减小而减弱。

3.原电池

利用氧化还原反应将化学能转变为电能的装置叫做原电池。例如,把两种不同的金属分别放在本身盐溶液中,通过盐桥连接,就组成了简单的原电池。一般来说,较活泼的金属为负极,较不活泼的金属为正极,放电时,负极金属通过导线不断把电子传给正极,本身成为正离子而进入溶液中,正极附近溶液中的正离子在正极上得到电子,通常以单质析出,即负极上进行失电子的氧化过程,而正极上进行得电子的还原过程。

4.电解

通过电流使物质在阳极进行氧化、在阴极进行还原的过程叫做电解。在电解槽中与直流电源负极相连的一极叫做阴极,与正极相连的一极叫做阳极。电解时的两极产物主要决定于离子的性质和浓度以及电极材料等因素。

5.金属腐蚀的形式

金属腐蚀的氧化剂一般为氧气和氢离子。以氧为氧化剂的腐蚀又称为吸氧腐蚀。存在两种类型:一是两种不同的电极组成的腐蚀电池,阴极上进行 O_2 的还原过程;二是金属表面所处的介质由于氧充气的不均匀性,也能形成腐蚀电池,为供氧差异腐蚀电池。其中位于氧浓度较大的金属表面区域为阴极,氧从阴极得到电子还原;氧浓度较小的金属表面区域为阳极,此处金属被氧化而腐蚀。

氧在中性和碱性介质中的阴极反应为

$$\frac{1}{2}O_2 + H_2O + 2e \longrightarrow 2OH^-$$

以 H^+ 为氧化剂的腐蚀为析氢腐蚀。H^+ 氧化剂阴极反应为

$$2H^+ + 2e \longrightarrow H_2$$

6.金属腐蚀的防护

防止金属腐蚀的方法很多,本实验只介绍应用缓蚀剂防腐蚀的方法。

在腐蚀介质中加入少量能使腐蚀速度大大降低的物质,这种物质就称为缓蚀剂,又称抑制剂。缓蚀剂有两个特点:一是加入量非常少,一般为 0.2% ~ 0.5%,如果添加物质的量很大,则这种物质就不叫缓蚀剂,而为添加剂;二是介质中加入缓蚀剂之后,金属在腐蚀介质中的腐蚀速度大大降低。缓蚀剂的种类很多,对不同的金属和不同的介质,有不同的缓蚀剂,即缓蚀剂有选择性。本实验使用的有机化合物——六次甲基四胺$[(CH_2)_6N_4]$(俗名乌洛托品),可用作钢铁在酸性介质中的缓蚀剂。

有机缓蚀剂对金属起缓蚀作用的机理,可简单地认为是缓蚀剂吸附在金属表面上,阻碍 H^+ 的放电,因而减慢了腐蚀。例如,胺类能和 H^+ 作用生成正离子,其反应为

$$RNH_2 + H^+ \Longrightarrow (RNH_3)^+$$

$$R_3N + H^+ \Longrightarrow (R_3NH)^+$$

由于静电引力,这种阳离子就被吸附在金属表面的阴极区,阻止溶液中的氢离子进一步接

近金属，使金属腐蚀受到抑制。

7. 电极电势的测定

原电池的两个电极中每一电极的电极电势的测定通常都是以标准氢电极(电极电势定为0)作为相对比较标准，与被测电极组成原电池。但由于标准氢电极使用不方便，一般常用其它参比电极，本实验采用饱和甘汞电极(SCE)，其还原电极电势在 298.15 K 时为 0.241 5 V，测出此时原电池的电动势 E，并根据公式

$$E = \varphi_{R(+)} - \varphi_{R(-)}$$

即可求得待测电极的电极电势。

式中，$\varphi_{R(+)}$、$\varphi_{R(-)}$ 分别为正极和负极的还原电极电势。

三、实验内容

1. 氧化还原与电极电势

(1) 卤素离子的还原性。往试管中加入 10 滴 0.1 mol·L^{-1}KI 溶液和 2 滴 0.1 mol·L^{-1}FeCl$_3$ 溶液，混匀后，再加入 10 滴 CCl$_4$，充分振荡，观察 CCl$_4$ 层的颜色有何变化，试管中发生了什么反应？再往溶液中加 3 滴 0.1 mol·L^{-1}K$_3$[Fe(CN)$_6$] 溶液，观察水溶液中颜色有何变化，并加以解释，写出有关反应方程式。

用 0.1 mol·L^{-1}KBr 溶液代替 0.1 mol·L^{-1}KI 溶液，进行相同的实验，能否发生反应，为什么？

(2) 二价铁的还原性。取 2 支试管，在 1 支中加入 5 滴饱和碘水，另 1 支中加入 5 滴饱和溴水，然后各加入约 10 滴 0.1 mol·L^{-1}FeSO$_4$ 溶液，摇荡试管，观察现象，写出有关反应方程式。

根据以上实验结果，定性比较 Br$_2$/Br$^-$、I$_2$/I$^-$ 和 Fe^{3+}/Fe^{2+} 三个电对的电极电势大小，并指出其中哪一物质是最强的氧化剂，哪一物质是最强的还原剂。

2. 介质对氧化还原反应的影响

(1) 介质对高锰酸钾氧化性的影响。往 3 支试管中各加入 5 滴 0.01 mol·L^{-1}KMnO$_4$ 溶液，然后往第 1 支试管中加入 10 滴 3 mol·L^{-1}H$_2$SO$_4$ 溶液酸化；第 2 支试管中加入 10 滴水；第 3 支试管中加入 10 滴 2 mol·L^{-1}NaOH 溶液，使溶液碱化，然而分别向上述试管中逐滴加入 0.1 mol·L^{-1}Na$_2$SO$_3$ 溶液，边加边振荡，并观察各试管中的现象，写出有关生成物。

(2) 酸度对高锰酸钾氧化性的影响。往两支试管中各加入 10 滴 0.1 mol·L^{-1}KBr 溶液。往其中 1 支试管中加入 10 滴 3 mol·L^{-1}H$_2$SO$_4$ 溶液，另 1 支试管中加入 10 滴 6 mol·L^{-1}CH$_3$COOH 溶液，然后再各加入 2 滴 0.01 mol·L^{-1}KMnO$_4$ 溶液，观察并比较两支试管中紫色消失的快慢，并加以说明。

3. 原电池

取两只小烧杯，往一只烧杯中注入半杯 1 mol·L^{-1}ZnSO$_4$ 溶液，插入连有导线(镍铬丝)的锌片，往另一只烧杯中加入约半杯 1 mol·L^{-1}CuSO$_4$ 溶液，插入连有导线(铜丝)的铜片，如图 3.1 所示。用盐桥(含琼胶及 KCl 饱和溶液的 U 形管)把两只烧杯中的溶液连通，即组成了原电池(供下面实验用)，写出两极反应。

4. 电解

用实验 4 的原电池电解 NaCl 溶液，观察与锌电极相连的导线附近有何现象产生？1 min 后再滴加一滴酚酞指示剂，观察导线附近颜色变化，并说明变化的原因，写出电解池两极反应方

程式。

5. 金属腐蚀

(1)析氢腐蚀。在试管中放入一小粒锌和 20 滴 0.1 mol·L^{-1}HCl 溶液,观察现象;取一根用砂纸擦净的铜丝,插入上述盛有锌粒的试管中,观察铜丝与锌粒未接触时以及铜丝与锌粒接触时情况有何不同(注意:实验后务必把锌粒洗净放入回收瓶中)。

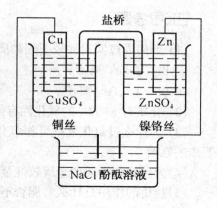

图 3.1　原电池及电解池装置图

(2)吸氧腐蚀。取一块铁片用砂纸擦去铁锈,洗净晾干,另取 5 滴 w(NaCl) = 1%、1 滴 K$_3$[Fe(CN)$_6$]溶液和 1 滴酚酞于试管中,摇匀。用玻璃棒沾取此溶液滴在干净的铁片上(豆粒大小即可),静止片刻后,观察液滴边缘和中间的颜色有何不同? 分析液滴边缘(溶解氧较多)的铁被腐蚀还是液滴中间的铁被腐蚀? 解释其原因。

6. 金属腐蚀的防护

取两根铁丝,用细砂纸擦去一端的铁锈,分别放入 2 支试管中,向其中 1 支试管中滴入 5 滴 w(乌洛托品) = 20%,然后再各加入 2 ml 左右 0.1 mol·L^{-1}HCl 溶液,并各滴入 1 滴 0.1 mol·L^{-1}[K$_3$Fe(CN)$_6$]。观察并比较两支试管中所出现的颜色深浅,解释其原因。

7. 用 pH 计测量原电池的电动势

按图 3.2 装置测定锌电极电势和铜电极电势。

(1)锌电极电势的测定。将锌片插入 1 mol·L^{-1} ZnSO$_4$ 溶液中,甘汞电极插入饱和 KCl 溶液中[①],锌片上的导线接 pH 计" – "极,甘汞电极上的导线接 pH 计" + "极,用盐桥(含有琼脂及 KCl 饱和溶液的 U 形管)连通两只烧杯中的溶液。按测定电动势步骤进行操作(见教材附录)。记录实验数据及实验温度,并计算该锌电极的电极电势[②]。

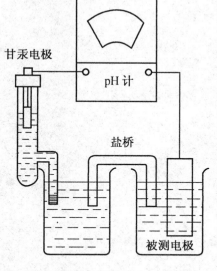

饱和甘汞电极的电势随温度的改变略有变化,可按下式计算

$$\varphi_1 = 0.241\ 5 - 0.000\ 65(T - 298.15)\ (V)$$

(2)铜电极电势的测定。将铜片插入 1 mol·L^{-1} CuSO$_4$溶液中,甘汞电极插入饱和 KCl 溶液中,铜片及甘汞电极上的导线应分别接 pH 计哪一个极? 用盐桥连通

图 3.2　用 pH 计测定电动势装置图

两只烧杯中的溶液,按测定电动势步骤进行操作。记录实验数据及实验室温,计算该铜电极的电极电势[②]。

(3)铜锌原电池电动势的测定。装置好下列电池,按测定电动势步骤进行操作,记录数据。

(–)Zn|ZnSO$_4$(1 mol·L^{-1}) ‖ CuSO$_4$(1mol·L^{-1})|Cu(+)

---

①　实验后,将 CuSO$_4$、ZnSO$_4$溶液倒回原瓶,切勿倒错。

②　盐桥用完后浸入 KCl 溶液中,以便下次实验时使用。

四、思考题

(1) 如何通过实验比较下列物质的氧化性或还原性强弱？

① Br_2、I_2、Fe^{3+} 离子；

② Br^-、I^-、Fe^{2+} 离子。

(2) 介质对 $KMnO_4$ 的氧化性有何影响？如何用实验证明？试从电极电势予以说明。

(3) 为什么过氧化氢既可作氧化剂，又可作还原剂？在何种情况下作氧化剂？何种情况下作还原剂？

(4) 为什么含杂质的金属较纯金属容易腐蚀？

(5) 盐桥的作用是什么？能否不用？

实验 10　不同溶液中铜的电极电势
（设计实验）

一、实验导读

1.电极电势与电动势

把金属放在其盐溶液中,在金属与其盐溶液的接触界面上就会发生两个不同的过程:一个是金属表面的正离子受极性水分子的吸引而进入溶液;另一个是溶液中的水合金属离子受到金属表面自由电子的吸引而重新沉积在金属表面,当溶解与沉积速率相等时,即达到动态平衡。动态平衡时,金属表面聚集了金属溶解时留下的自由电子而带负电,溶液则因金属离子的进入而带正电。这样,由于正、负电荷相互吸引的结果,在金属表面与其接触的液面间形成了由带正电荷的金属离子和带负电荷的电子所构成的双电层。双电层之间产生了电势差。金属与其盐溶液接触界面之间的电势差,实际上就是该金属与其盐溶液中相应金属离子所组成的氧化还原电对的平衡电极电势。用符号 φ 表示。

金属越活泼,溶解成离子的倾向越大,其离子沉积的倾向越小,达到平衡时,电极上负电荷就越多,电极电势也就越低,反之,电极电势就越高。

2.电极电势的影响因素

室温下,电极电势的高低,取决于电极的本性、溶液中参加电极反应的离子的浓度和溶液的性质等。

（1）浓度的影响。由能斯特（Nemst）方程可知,溶液中离子浓度的变化（如生成沉淀或形成配离子）将影响电极电势的数值。对于电极反应

$$a \text{ 氧化态} + ne \Longrightarrow b \text{ 还原态}$$

则有
$$\varphi = \varphi^{\ominus} - \frac{RT}{nF} \ln \frac{[\text{还原态}]^b}{[\text{氧化态}]^a}$$

即
$$\varphi = \varphi^{\ominus} - \frac{0.059\,2}{n} \lg \frac{[\text{还原态}]^b}{[\text{氧化态}]^a}$$

从 Nenrst 方程可以看出,氧化态物质浓度增大或还原态物质浓度减小,都使电极电势增大,反之使电极电势减小。

例如,对于银电极反应　$Ag^+ + e \Longrightarrow Ag(s)$　$\varphi^{\ominus}(Ag^+/Ag) = +0.79$ V,若将银电极放在 $AgNO_3$ 中,如加入 NaCl,最后使溶液中 $[Cl^-] = 1$ mol·L^{-1},则 25℃银电极的电极电势为

$$\varphi(Ag^+/Ag) = \varphi^{\ominus}(Ag^+/Ag) + \frac{0.059\,2}{n} \lg[Ag^+]$$

在 $AgNO_3$ 中加入 NaCl 形成 AgCl 沉淀,因

$$K_{sp}(AgCl) = 1.6 \times 10^{-10}$$

此时
$$[Ag^+] = \frac{1.6 \times 10^{-10}}{1} = 1.6 \times 10^{-10} \text{mol·L}^{-1}$$

所以
$$\varphi(Ag^+/Ag) = 0.79 + \frac{0.059\,2}{1} \lg[1.6 \times 10^{-10}] = 0.22 \text{ V}$$

由于产生 AgCl 沉淀,$[Ag^+]$ 减小,$\varphi(Ag^+/Ag)$ 也下降。

（2）介质的影响。有 H^+（或 OH^-）参加的电极反应,氢离子浓度的变化也会影响电极电

势的数值,例如

$$MnO_4^-(aq) + 8H^+(aq) + 5e \Longrightarrow Mn^{2+}(aq) + 4H_2O(l)$$

当$[MnO_4^-] = [Mn^{2+}] = 1\ mol \cdot L^{-1}$,$pH = 5$,$\varphi^{\ominus}(MnO_4^-/Mn^{2+}) = 1.49\ V$,有

$$\varphi(MnO_4^-/Mn^{2+}) = \varphi^{\ominus}(MnO_4^-/Mn^{2+}) + \frac{0.059\ 2}{n}\lg\frac{[MnO_4^-][H^+]^8}{[Mn^{2+}]} =$$

$$1.49 + \frac{0.059\ 2}{5}\lg(10^{-5})^8 = 1.02\ V$$

$[H^+]$对$\varphi(MnO_4^-/Mn^{2+})$的影响是:当$[H^+]$从$1\ mol \cdot L^{-1}$降到$10^{-5}\ mol \cdot L^{-1}$时,电极电势从$1.49\ V$降到$1.02\ V$,改变了$0.47\ V$,而使$KMnO_4$的氧化能力减弱,所以$KMnO_4$在酸性介质中氧化能力较强。

电极电势除与浓度、介质有关外,还受温度的影响,测定电极电势的数值应在$25\ ℃$恒温下进行。

二、实验提要

原电池由正、负两极组成,其电动势(E)等于两极的电极电势差,即

$$E = \varphi_+ - \varphi_-$$

以$(-)(Pt)Hg(l)|Hg_2Cl_2(s)|KCl(饱和)||Cu^{2+}(1\ mol \cdot L^{-1})|Cu(s)(+)$原电池为例,$\varphi_-$为原电池中饱和甘汞电极的电极电势,$\varphi_+$为原电池中铜电极的电极电势,$\varphi(饱和甘汞) = E + 0.241\ 5\ V(25\ ℃)$,因此测得铜电极的电极电势为

$$\varphi(Cu^{2+}/Cu) = \varphi_+ = E + \varphi(饱和甘汞) = 0.241\ 5$$

理论　　　　　　$$\varphi(Cu^{2+}/Cu) = \varphi^{\ominus}(Cu^{2+}/Cu) + \frac{0.059\ 2}{2}\lg[Cu^{2+}]$$

饱和甘汞电极的电极电势随温度略有改变,可按下式计算

$$\varphi(饱和甘汞) = 0.241\ 5 - 0.000\ 65(T - 298.15)$$

本实验采用酸度计的mV挡测定原电池的电极电势。

三、实验内容

本实验测定金属铜分别在$1\ mol \cdot L^{-1}\ CuSO_4$、$0.01\ mol \cdot L^{-1}\ CuSO_4$溶液中和含有氨水的$CuSO_4$溶液中的电极电势。

从理论上推导出不同浓度电解质溶液中Cu的电极电势的高低次序,并与实验结果相比较。

(1)由实验室准备好的$1\ mol \cdot L^{-1}\ CuSO_4$溶液配制$0.01\ mol \cdot L^{-1}\ CuSO_4$溶液。

(2)制备本实验所需的含有氨水的$CuSO_4$溶液。

(3)画出实验装置示意图,写出实验步骤及所需仪器。

(4)详细阅读附录2.2,使用pH计测定电极电势。

(5)计算Cu在上述三种溶液中的电极电势值,与实验结果比较。分析数据不一致的原因。

第四编　水　与　环　境

实验 11　水的硬度测定(设计实验)

一、实验导读

1.环境监测与分析

人们为了认识、评价和控制环境,必须了解引起环境质量变化的原因,这就要对环境的各组成部分,特别是对某些危害大的污染物的性质、来源、含量及其分布状态进行细致的监测和分析。环境监测与分析的任务就是研究环境中污染物和种类、成分以及对环境中化学污染物进行定性分析和定量分析。

环境分析所涉及的领域非常宽广,对象相当复杂,包括大气、水体、土壤、底泥、矿物、废渣,以及植物、动物、食品、人体组织等。环境分析所测定的物质一般含量很低,有很多痕量分析,因而要求分析手段必须灵敏而准确,选择性好,速度快,自动化程度高。

环境监测一般采用人工或半自动采样,用实验化学分析方法进行定期定点测定。随着环境监测工作的发展,建立了大气污染固定监测站、水污染流动监测站等。在污染物排放量激增的情况下,间断性的监测已不能掌握污染源和环境污染状况的变化。60 年代末 70 年代初,大气污染连续自动监测系统和水污染连续自动监测系统也相继建立起来。利用计算机网络传输,可以进行大范围的实时监测和管理。

在环境分析中,容量法通常用于生化需氧需、溶解氧、化学需氧量、硬度、挥发酚、铜离子、锌离子等的常量分析。

2.水的硬度

水的硬度最早是指沉淀肥皂的程度。某些水体中的水会与肥皂形成大量的渣滓,使肥皂失去去污作用,这种水称为"硬水"。人们在实践中发现,地下水和浅的地表水比较"硬",江水和湖水比较"软",而降水(雨、雪)是最软的水。

水变"硬"的原因,主要是钙和镁盐的作用。钙占地球上元素丰度的第五位,镁为第八位。当水经过石灰石、白云石、石膏等岩层时,会溶解部分钙和镁,因此自然界水体中总是或多或少地含有钙、镁离子。钙与镁可以与肥皂中的主要成分(脂肪酸钠)形成脂肪酸钙和脂肪酸镁沉淀,使肥皂失效。

因此,硬度的精确定义为钙和镁的总浓度(以 $mmol \cdot L^{-1}$ 表示),又称为总硬度。总硬度又分为碳酸盐硬度和非碳酸盐硬度,碳酸盐硬度是总硬度的一部分,相当于与水中碳酸盐和重碳酸盐结合的钙、镁所形成的硬度。当水中钙、镁含量超出与它所结合的碳酸根和重碳酸根的含量时,多余的钙和镁就与水中的氯离子、硫酸根离子和硝酸根离子结合,这部分钙、镁就称为非碳酸盐硬度。

碳酸盐硬度又称"暂时硬度",因碳酸盐在煮沸时即分解,生成白色沉淀而失去"硬度"

$$Ca(HCO_3)_2 \longrightarrow CaCO_3 \downarrow + CO_2 \uparrow + H_2O$$

$$Mg(HCO_3)_2 \longrightarrow MgCO_3 \downarrow + CO_2 \uparrow + H_2O$$

非碳酸盐硬度又称"永久硬度",当水在普通气压下沸腾、体积不变时,它们不生成沉淀。

硬水由于钙、镁离子可能与其它离子结合或受热分解而产生沉淀,对日常生活和工业生产产生一定危害,最典型的例子是在锅炉和管道内结垢,轻则影响传热,浪费燃料;重则使锅炉受热不均而发生爆炸。通常对生活用水要求总硬度不得超过 4.45 mmol·L^{-1}($25°DH$);低压锅炉用水不超过 1.25 mmol·L^{-1};高压炉用水不超过 $0.017\,8$ mmol·L^{-1}。

不同国家硬度的表示方法有所不同,分述如下:

◇ 德国硬度(°DH):1 德国硬度相当于 CaO 含量为 10 mg·L^{-1};
◇ 美国硬度(mg·L^{-1}):1 美国硬度相当于 $CaCO_3$ 含量为 1 mg·L^{-1};
◇ 英国硬度(°Clark):1 英国硬度相当于 $CaCO_3$ 含量为 1 格令/英加仑;
◇ 法国硬度(degree F):1 法国硬度相当于 $CaCO_3$ 含量为 10 mg·L^{-1}。

它们的换算关系为 1 mmol·L^{-1} = 5.61°DH = 100 mg·L^{-1} = 7.02°Clark = 10 degree F。

二、实验提要

本实验的目的是了解水硬度的概念及测定方法,并进一步掌握滴定的基本操作。本法取自国标 GB 7477—87(水质、钙和镁总量的测定　EDTA 滴定法)。要求同学们在预习过程中详细阅读附在后面的国标 GB 7477—87,该标准对如何准备试剂、如何标定标准溶液等都有明确规定,对深入了解实验内容非常重要。

配合滴定是利用配合物反应进行滴定分析的容量分析法。最常用的配合剂是乙二胺四乙酸二钠盐,简称 EDTA,通常用 Na_2H_2Y 来表示。EDTA 可以与多种金属离子形成 1∶1 螯合物。形成螯合物时,EDTA 的氮原子和氧原子与金属离子相键合,同时生成多个五员环。

测定水的硬度时,EDTA 与钙、镁的反应为

$$Mg^{2+} + H_2Y^{2-} \Longrightarrow [MgY]^{2-} + 2H^+$$
$$Ca^{2+} + H_2Y^{2-} \Longrightarrow [CaY]^{2-} + 2H^+$$

根据所消耗的已知浓度的 EDTA 标准溶液的量,即可算出钙、镁的含量。

EDTA 与 Mg^{2+}、Ca^{2+} 反应达到终点时溶液无明显颜色变化,需要另外加入指示剂。在配合滴定中,通常利用一种能与金属离子生成有色配合物的显色剂来指示滴定过程中金属离子浓度的变化,称为金属离子指示剂。测定水的硬度时,用铬黑 T 作指示剂。

铬黑 T(1-(1-羟基-2-萘偶氨基)-6-硝基-2-萘酚-4-磺酸钠)属于偶氮类染料,结构式为

通常以 NaH_2In 表示,在 pH = 9.0~10.5 的溶液中,以 HIn^{2-} 的形式存在,呈蓝色。在含有 Mg^{2+}、Ca^{2+} 的水中加入铬黑 T 指示剂,与 Mg^{2+}、Ca^{2+} 配合,具体反应为

$$Ca^{2+} + HIn^{2-}(蓝色) \Longrightarrow [CaIn]^-(酒红色) + H^+$$
$$Mg^{2+} + HIn^{2-}(蓝色) \Longrightarrow [MgIn]^-(酒红色) + H^+$$

用 EDTA 滴定时, EDTA 首先与游离的 Mg^{2+}、Ca^{2+} 离子反应, 接近终点时, 由于 [CaIn]⁻、[MgIn]⁻ 配离子没有 [CaY]²⁻、[MgY]²⁻ 配离子稳定, EDTA 会将 Mg^{2+}、Ca^{2+} 离子从指示剂配离子中夺取出来, 即

$$[CaIn]^- (酒红色) + H_2Y^{2-} \Longrightarrow [CaY]^{2-} + HIn^{2-} (蓝色) + H^+$$

$$[MgIn]^- (酒红色) + H_2Y^{2-} \Longrightarrow [MgY]^{2-} + HIn^{2-} (蓝色) + H^+$$

当溶液由酒红色变为蓝色时, 表示达到滴定终点。

由于反应进行时生成 H^+, 使溶液酸度增大, 影响配合物的稳定, 也影响终点的观察, 因此需要加入缓冲溶液, 保持溶液酸度在 pH = 10 左右。

三、实验内容

作为设计实验, 要求同学参考有关资料, 预先写出完整的实验步骤, 实验次序可按下述提示进行:

(1) 吸取水样(自来水)。

(2) 准备 EDTA 标准溶液。

注意: 回忆如何正确清洗、如何使用移液管和滴定管, 具体可参阅附录 1.2。

(3) 滴定水样。必须详细了解滴定方法和技巧。

(4) 重复操作一次。若两次滴定数据相差太大(不应大于 ± 0.2 ml), 请查找造成误差的原因, 改正后重新滴定。

(5) 列出算式, 计算总硬度(以 $mmol \cdot L^{-1}$ 为单位)。

四、思考题

(1) 写出用德国硬度(°DH)表示硬度的计算公式。并以此计算实验结果。

(2) 本实验为什么要加缓冲溶液?

(3) 铬黑 T 指示剂有时制成粉末状态使用, 为什么?

附: 中华人民共和国国家标准 GB 7477—87

水质 钙和镁总量的测定 EDTA 滴定法

本标准等效采用 ISO 6059—1984《水质 钙和镁总量的测定 EDTA 滴定法》。

1 适用范围

本标准规定用 EDTA 滴定法测定地下水和地面水中钙和镁的总量。本方法不适用于含盐量高的水, 诸如海水。本方法测定的最低浓度为 $0.05 \ mmol \cdot L^{-1}$。

2 原理

在 pH10 的条件下, 用 EDTA 溶液络合滴定钙和镁离子。铬黑 T 作指示剂, 与钙和镁生成紫红或紫色溶液。滴定中, 游离的钙和镁离子首先与 EDTA 反应, 跟指示剂络合的钙和镁离子随后与 EDTA 反应, 到达终点时溶液的颜色由紫变为天蓝色。

3 试剂

分析中只使用公认的分析纯试剂和蒸馏水, 或纯度与之相当的水。

3.1 缓冲溶液(pH = 10)

3.1.1 称取 1.25 g EDTA 二钠镁($C_{10}H_{12}N_2O_8Na_2Mg$)和 16.9 g 氯化铵(NH_4Cl)溶于 143 ml 浓的氨水($NH_3 \cdot$

H_2O)中,用水稀释至 250 ml。因各地试剂质量有出入,配好的溶液应按 3.1.2 方法进行检查和调整。

　　3.1.2　如无 EDTA 二钠镁,可先将 16.9 g 氯化铵溶于 143 ml 氨水。另取 0.78 g 硫酸镁($MgSO_4 \cdot 7H_2O$)和 1.179 g EDTA 二钠二水合物($C_{10}H_{14}N_2O_8Na_2 \cdot 2H_2O$)溶于 50 ml 水,加入 2 ml 配好的氯化铵水溶液和 0.2 g 左右铬黑 T 指示剂干粉(3.4),此时溶液应显紫红色,如出现天蓝色,应再加入极少量硫酸镁使其变为紫红色。逐滴加入 EDTA 二钠溶液(3.2),直至溶液由紫红转变为天蓝色为止(切勿过量)。将两溶液合并,加蒸馏水定容至 250 ml。如合并后,溶液又转为紫色,在计算结果时应减去试剂空白。

　　3.2　EDTA 二钠标准溶液($\approx 10 \text{ mmol} \cdot L^{-1}$)

　　3.2.1　制备。将一份 EDTA 二钠二水合物在 80℃干燥 2 h,放入干燥器中冷至室温,称取 3.725 g 溶于水,在容量瓶中定容至 1 000 ml,盛放在聚乙烯瓶中,定期校对其浓度。

　　3.2.2　标定。按本实验 6 中的操作方法,用钙标准溶液(3.3)标定 EDTA 二钠溶液(3.2.1)。取 20.0 ml 钙标准溶液(3.3)稀释至 50 ml。

　　3.2.3　浓度计算。EDTA 二钠溶液的浓度 c_1($\text{mmol} \cdot L^{-1}$)用式(1)计算

$$c_1 = \frac{c_2 V_2}{V_1} \tag{1}$$

式中　c_2——钙标准溶液(3.3)的浓度($\text{mmol} \cdot L^{-1}$);

　　　　V_2——钙标准溶液的体积(ml);

　　　　V_1——标定中消耗的 EDTA 二钠溶液体积(ml)。

　　3.3　钙标准溶液($10 \text{ mmol} \cdot L^{-1}$)

　　将一份碳酸钙($CaCO_3$)在 150℃干燥 2 h,取出放在干燥器中冷至室温,称取 1.001 g 于 500 ml 锥形瓶中,用水润湿。逐滴加入 4 $\text{mol} \cdot L^{-1}$ 盐酸至碳酸钙全部溶解,避免滴入过量酸。加 200 ml 水,煮沸数分钟赶除二氧化碳,冷至室温,加入数滴甲基红指示剂溶液(0.1 g 溶于 100 ml 体积分数为乙醇 60%),逐滴加入 3 $\text{mol} \cdot L^{-1}$ 氨水至变为橙色,在容量瓶中定容至 1 000 ml。此溶液 1.00 ml 含 0.400 8 mg(0.01 $\text{mmol} \cdot L^{-1}$)钙。

　　3.4　铬黑 T 指示剂

　　将 0.5 g 铬黑 T〔$HOC_{10}H_6N : N_{10}H_4(OH)(NO_2)SO_3Na$,又名媒染黑 11,学名:1－(1－羟基－2－萘基偶氮)－6－硝基－2－萘酚－4－磺酸钠盐,sodium salt of 1－(1－hydroxy－2－naphthylazo)6－nitro－2－naphthol－4－sulfonic acid〕溶于 100 ml 三乙醇胺〔$N(CH_2CH_2OH)_3$〕,可最多用 25 ml 乙醇代替三乙醇胺以减少溶液的粘性,盛放在棕色瓶中。或者配成铬黑 T 指示剂干粉(称取 0.5 g 铬黑 T 与 100 g 氯化钠充分混合,研磨后通过 40～50 目,盛放在棕色瓶中,紧塞)。

　　3.5　氢氧化钠(2 $\text{mol} \cdot L^{-1}$ 溶液)

　　将 8 g 氢氧化钠(NaOH)溶于 100 ml 新鲜蒸馏水中。盛放在聚乙烯瓶中,避免空气中二氧化碳的污染。

　　3.6　氰化钠(NaCN)

　　注意:氰化钠是剧毒品,取用和处置时必须十分谨慎小心,采取必要的防护。含氰化钠的溶液不可酸化。

　　3.7　三乙醇胺〔$N(CH_2CH_3OH)_3$〕

　　4　仪器

　　常用的实验仪器及滴定管:50 ml,分刻度至 0.10 ml。

　　5　采样和样品保存

　　采集水样可用硬质玻璃瓶(或聚乙烯容器),采样前先将瓶洗净。采样时用水冲洗 3 次,再采集于瓶中。采集自来水及有抽水设备的井水时,应先放水数分钟,使积留在水管中的杂质流出,然后将水样收集于瓶中。采集无抽水设备的井水或江、河、湖等地面水时,可将采样设备浸入水中,使采样瓶位于水面下 20～30 cm,然后拉开瓶塞,使水进入瓶中。

　　水样采集后(尽快送往实验室),应于 24 h 内完成测定。否则,每升水样中应加 2 ml 浓硝酸作保存剂(使 pH 降至 1.5 左右)。

　　6　步骤

　　6.1　试样的制备

一般样品不需预处理。如样品中存在大量微小颗粒物,需在采样后尽快用 0.45 μm 孔径滤器过滤。样品经过滤,可能有少量钙和镁被滤除。

试样中钙和镁总量超出 3.6 mmol·L⁻¹时,应稀释至低于此浓度,记录稀释因子 F。

如试样经过酸化保存,可用计算量的氢氧化钠溶液中和。计算结果时,应把样品或试样由于加酸或碱的稀释考虑在内。

6.2 测定

用移液管吸取 50.0 ml 试样于 250 ml 锥形瓶中,加 4 ml 缓冲溶液(3.1)和 3 滴铬黑 T 指示剂溶液或 50~100 mg 指示剂干粉(3.4),此时溶液应呈紫红或紫色,其 pH 值应为 10.0±0.1。为防止产生沉淀,应立即在不断振摇下,自滴定管加入 EDTA 二钠溶液(3.2),开始滴定时速度宜稍快,接近终点时应稍慢,并充分振摇,最好每滴间隔 2~3 s,溶液的颜色由紫红或紫色逐渐转为蓝色,在最后一点紫色消失,刚出现天蓝色时即为终点,整个滴定过程应在 5 min 内完成。记录消耗 EDTA 二钠溶液体积的毫升数。

如试样铁离子含量在 30 mg·L⁻¹以下,在临滴定前加入 250 mg 氰化钠(3.6)或数毫升三乙醇胺(3.7)掩蔽。氰化物使锌、铜、钴的干扰减至最小。加氰化物前必须保证溶液呈碱性。

试样如含正磷酸盐和碳酸盐,在滴定的 pH 条件下,可能使钙生成沉淀,一些有机物会干扰测定。

如上述干扰未能消除,或存在铝、钡、铅、锰等离子干扰时,需改用原子吸收测定。

7 结果的表示

钙和镁总量 c(mmol·L⁻¹)用式(2)计算

$$c = \frac{c_1 V_1}{V_0} \tag{2}$$

式中 c_1——EDTA 二钠溶液浓度(mmol·L⁻¹);

V_1——滴定中消耗 EDTA 二钠溶液的体积(ml);

V_0——试样体积(ml)。

如试样经过稀释,采用稀释因子 F 修正计算。

8 精度

本方法的重复性为 ±0.04 ml·L⁻¹,约相当于 ±2 滴 EDTA 二钠溶液。

实验 12　水中溶解氧的测定

一、实验导读

1. 溶解氧

溶解在水中的分子态氧称为溶解氧,常用 DO (Dissolved Oxygen)表示。溶解氧是水质好坏的重要指标之一,也是鱼类和其它水生生物生存的必要条件。比较清洁的河流湖泊中溶解氧一般在 7.5 mg·L^{-1}以上,当溶解氧浓度低于 2 mg·L^{-1}时,水质严重恶化,水体因厌氧菌繁殖而发臭。

由于各种因素的影响,水中 DO 含量变化很大,即使在一天之中也不相同,主要影响因素有:再充气过程、光合作用、呼吸和有机废物的氧化作用。再充气过程与水中的 DO 含量、水温等因素有关,当 DO 含量与水中溶解氧饱和含量差距越大时,氧从空气进入水中的量也越多。澎湃奔流的河水由于与空气交界面积较大,再充气过程也比静止的水体为快。水中植物的光合作用在白昼进行并产生氧,也会使水中的 DO 增加。水生物(包括动物和植物)的呼吸作用是全天不分昼夜地连续进行,不断地从水中耗用氧而使 DO 减少。

水体受有机物和无机还原性物质污染,会使溶解氧降低。当水体污染程度较轻时,好气性细菌使有机废物发生氧化分解而逐渐消失,因此 DO 减少到一定程度后不再下降,同时由于再充气过程的作用,DO 开始回升,直到恢复正常为止。这就是水体对还原性有机废物的自净化过程。但如果污染比较严重,超过水体自净化能力,则水中 DO 耗尽,从而发生厌气性细菌的分解作用,同时水面常会出现粘稠的絮状物妨碍再充气过程的进行。此时水中 DO 不足,可能引起鱼类等水生动物的死亡。

2. 氧化还原滴定法

氧化还原滴定法是以氧化还原反应为基础的滴定分析法。例如,要想知道 $KMnO_4$ 溶液的浓度,可以用 $Na_2C_2O_4$ 基准物质通过氧化还原滴定法分析,反应为

$$2MnO_4^- + 5C_2O_4^{2-} + 16H^+ =\!=\!= 2Mn^{2+} + 10CO_2 + 8H_2O$$

反应在酸性条件下进行。由于 MnO_4^- 在水溶液中呈紫红色,溶液中稍微过量 MnO_4^- 即可显示出粉红色,指示滴定终点。

有很多物质可以用于氧化还原滴定。利用 I_2 的氧化性和 I^- 的还原性来进行滴定的分析方法称为碘量法。碘量法又分为直接的和间接的两种方法。对还原性物质,可直接用 I_2 标准溶液滴定,称为直接碘量法;对于氧化性物质,可在一定条件下用 I^- 还原,产生等当量的 I_2,然后用 $Na_2S_2O_3$ 标准溶液滴定释出的 I_2,这种方法被称为间接碘量法。

I_2 与淀粉生成蓝色的包合物,因此碘量法分析常用淀粉做指示剂,终点非常明显。

二、实验提要

本实验的目的是了解水中溶解氧的概念及测定原理与方法,并学会采集水样和水中溶解氧固定等基本操作。本法取自国标 GB 7489—87(水质　溶解氧的测定　碘量法)。要求同学们在预习过程中详细阅读附在后面的国家标准,该标准对如何准备试剂、如何标定标准溶液等都有明确规定,对深入了解实验内容非常重要。

碘量法测定溶解氧的原理如下:

(1)在水样中加入硫酸锰和碱性碘化钾,水中溶解氧将二价锰氧化,生成四价锰的氢氧化物棕色沉淀,这一过程称为溶解氧的固定

$$Mn^{2+} + 2OH^- \rightleftharpoons Mn(OH)_2 \downarrow (白色)$$

$$2Mn(OH)_2 + O_2 \rightleftharpoons 2MnO(OH)_2 \downarrow (棕色)$$

(2)加酸后,氢氧化物溶解,四价的锰与碘离子反应而析出游离的碘

$$MnO(OH)_2 + 2I^- + 4H^+ \rightleftharpoons Mn^{2+} + I_2 + 3H_2O$$

I_2 在水中溶解度很小,但在含有 KI 的溶液中,I_2 以 I_3^- 的形式存在,具有较大的溶解度,因此碘化钾必须是过量的。

(3)以淀粉作指示剂,用硫代硫酸钠滴定释出的碘,计算溶解氧的含量

$$I_2 + 2S_2O_3^{2-} \rightleftharpoons 2I^- + S_4O_6^{2-}$$

要想准确测定水样中的溶解氧,一定要注意防止空气中的氧气溶入水中而干扰测定。

三、实验内容

1．采集水样

水样的采集一般用专用的溶解氧瓶,也可以用碘量瓶代替。采集水样时,要注意不使水样曝气或有气泡残存在采样瓶中。可用虹吸法将细管插入溶解氧瓶底部,注入水样至溢流出瓶容积的 1/3 ~1/2 左右。迅速盖上玻璃塞,瓶口不能留有气泡。

2．固定溶解氧

用移液管依次向水样中加入 1 ml $MnSO_4$ 溶液、2 ml 碱性 KI 溶液,加入时移液管尖端要插入液面以下,防止将空气带入瓶内。立即将瓶塞盖好,颠倒混合 10 余次,静置。待棕色沉淀物降至瓶内一半时再颠倒混合数次,静置,使沉淀物下降到瓶底。

3．析出碘

轻轻打开瓶塞,立即用滴管插入液面以下加入 2 ml 浓硫酸。小心盖好瓶塞,颠倒混合摇匀,至沉淀物完全溶解为止,于暗处放置 5 min。

4．滴定

用移液管吸取 100 ml 上述水样,注入 250 ml 锥形瓶中,用已经标定过的硫代硫酸钠标准溶液滴定。滴定至溶液呈淡黄色时,加入 1 ml 淀粉溶液,继续滴定至溶液蓝色刚好褪去为止,记录硫代硫酸钠的消耗量。

重复上述操作,记录硫代硫酸钠的消耗量。两次测定误差不应超过 0.2 ml。按下式计算溶解氧量

$$溶解氧(O_2, mg \cdot L^{-1}) = \frac{c(Na_2S_2O_3) \times 8 \times 1\,000}{V(水样)}$$

式中　$c(Na_2S_2O_3)$——标准硫代硫酸钠溶液浓度$(mol \cdot L^{-1})$;

　　　$V(Na_2S_2O_3)$——滴定时消耗标准硫代硫酸钠溶液的体积(ml);

　　　$V(水样)$——水样体积(ml)。

四、思考题

(1)为什么采用虹吸法取水样?直接倾倒或灌注会使溶解氧的值增大还是减小?

(2)很多食品中含有淀粉,设计一个定性鉴定淀粉是否存在的实验方法。

附:中华人民共和国国家标准　　GB 7489—87

水质　溶解氧的测定　碘量法

本标准等效采用国际标准 ISO 5813—1983。本标准规定采用碘量法测定水中溶解氧,考虑到某些干扰而采用改进的温克勒(Winkler)法。

1　适用范围

碘量法是测定水中溶解氧的基准的方法。在没有干扰的情况下,此方法适用于各种溶解氧浓度大于 $0.2~mg \cdot L^{-1}$ 和小于氧的饱和浓度 2 倍(约 $20~mg \cdot L^{-1}$)的水样。易氧化的有机物,如丹宁酸、腐植酸和木质素等会对测定产生干扰。可氧化的硫化物硫脲,也如同易于消耗氧的呼吸系统那样产生干扰。当含有这类物质时,宜采用电化学探头法。

亚硝酸盐浓度不高于 $15~ml \cdot L^{-1}$ 时就不会产生干扰,因为它们会被加入的叠氮化钠破坏掉。

如存在氧化物质或还原物质,需改进测定方法,见本实验中的 8。

如存在能固定或消耗碘的悬浮物,本方法需按附录 A 中叙述的方法改进后方可使用。

2　原理

在样品中溶解氧与刚刚沉淀的二价氢氧化锰(将氢氧化钠或氢氧化钾加入到二价硫酸锰中制得)反应。酸化后,生成的高价锰化合物将碘化物氧化游离出等当量的碘,用硫代硫酸钠滴定法测定游离碘量。

3　试剂

分析中仅使用分析纯试剂和蒸馏水或纯度与之相当的水。

3.1　硫酸溶液

小心地把 500 ml 浓硫酸($\rho = 1.84~g \cdot ml^{-1}$)在不停搅动下加入到 500 ml 水中。

3.2　硫酸溶液($c(1/2H_2SO_4) = 2~mol \cdot L^{-1}$)

3.3　碱性碘化物 – 叠氮化物试剂

注:当试样中亚硝酸氮含量大于 $0.05~mg \cdot L^{-1}$ 而亚铁含量不超过 $1~mg \cdot L^{-1}$ 时,为防止亚硝酸对测定结果的干涉,需在试样中加叠氮化物,叠氮化钠是剧毒试剂。若已知试样中的亚硝酸盐低于 $0.05~mg \cdot L^{-1}$,则可省去此试剂。

　　a.操作过程中严防中毒;

　　b.不要使碱性碘化物-叠氮化物试剂(3.3)酸化,因为可能产生有毒的叠氮酸雾。

将 35 g 的氢氧化钠(NaOH)〔或 50 g 的氢氧化钾(KOH)〕和 30 g 碘化钾(KI)〔或 27 g 碘化钠(NaI)〕溶解在大约 50 ml 水中。

单独地将 1 g 的叠氮化钠(NaN₃)溶于几毫升水中。

将上述两种溶液混合并稀释至 100 ml。

溶液贮存在塞紧的细口棕色瓶子里。

经稀释和酸化后,在有指示剂(3.7)存在下,本试剂应无色。

3.4　无水二价硫酸锰溶液($340~g \cdot L^{-1}$(或一水硫酸锰 $380~g \cdot L^{-1}$ 溶液))

可用 $450~g \cdot L^{-1}$ 四水二价氯化锰溶液代替。

过滤不澄清的溶液。

3.5　碘酸钾($c(1/6~KIO_3) = 10~mmol \cdot L^{-1}$ 标准溶液)

在 180℃干燥数克碘酸钾(KIO₃),称量 3.567 ± 0.003 g 溶解在水中并稀释到 1 000 ml。

将上述溶液吸取 100 ml 容量瓶中,用水稀释至标线。

3.6　硫代硫酸钠标准滴定液:$c(Na_2S_2O_3) \approx 10~mmol \cdot L^{-1}$

3.6.1　配制

将 2.5 g 五水硫代硫酸钠溶解于新煮沸并冷却的水中,再加 0.4 g 的氢氧化钠(NaOH),并稀释至 1 000 ml。

溶液贮存于深色玻璃瓶中。

3.6.2　标定

在锥形瓶中用 100~150 ml 的水溶解约 0.5 g 的碘化钾或碘化钠(KI 或 NaI),加入 5 ml 2 mol·L^{-1}的硫酸溶液(3.2),混合均匀,加 20.00 ml 标准碘酸钾溶液(3.5),稀释至约 200 ml,立即用硫代硫酸钠溶液滴定释出的碘,当接近滴定终点时,溶液呈浅黄色,加指示剂(3.7),再滴定至完全无色。

硫代硫酸钠浓度(c,mmol·L^{-1})由式(1)求出

$$c = \frac{6 \times 20 \times 1.66}{V} \tag{1}$$

式中　V——硫代硫酸钠溶液滴定量(ml)。

每日标定一次溶液。

3.7　淀粉(新配制 10 g·L^{-1}溶液)

注:也可用其它适合的指示剂。

3.8　酚酞(1 g·L^{-1}乙醇溶液)

溶解 4~5 g 的碘化钾或碘化钠于少量水中,加约 130 mg 的碘,待碘溶解后稀释至 100 ml。

3.9　碘化钾或碘化钠

4　仪器

除常用试验室设备外,还有:

4.1　细口玻璃瓶

容量在 250~300 ml 之间,校准至 1 ml,具塞温克勒瓶或任何其它适合的细口瓶,瓶肩最好是直的。每个瓶和盖要有相同的号码。用称量法来测定每个细口瓶的体积。

5　步骤

5.1　当存在固定或消耗碘的悬浮物,或者怀疑有这类物质存在时,按附录 A 叙述的方法测定,或最好采用电化学探头测定溶解氧

5.2　检验氧化或还原物质是否存在

如果预计氧化或还原剂可能干扰结果时,取 50 ml 待测水,加 2 滴酚酞溶液(3.8)后,中和水样。加 0.5 ml 硫酸溶液(3.2)、几粒碘化钾或碘化钠(3.10)(质量约 0.5 g)和几滴指示剂溶液(4.7)。

如果溶液呈蓝色,则有氧化物质存在。如果溶液保持无色,加 0.2 ml 碘溶液(3.9),振荡,放置 30 s。如果没有呈蓝色,则存在还原物质。

有氧化物质存在时,按照 8.1 中规定处理。有还原物质存在时,按照 8.2 中规定处理。没有氧化或还原物时,按照 5.3、5.4、5.5 中规定处理。

5.3　样器的采集

除非还要作其它处理,样品应采集在细口瓶中(4.1)。测定就在瓶内进行。试样充满全部细口瓶。

注:在有氧化或还原物的情况下,需取两个试样(见 8.1.2 和 8.2.3.1)。

5.3.1　取地表水样

充满细口瓶至溢流,小心避免溶解氧浓度的改变。对浅水用电化学探头法更好些。

在消除附着在玻璃瓶上的气泡之后,立即固定溶解氧(5.4)。

5.3.2　从配水系统管路中取水样

将一惰性材料管的入口与管道连接,将管子出口插入细口瓶的底部(4.1)。

用溢流冲洗的方式充入大约 10 倍细口瓶体积的水,最后注满瓶子,在消除附着在玻璃瓶上的空气泡之后,立即固定溶解氧(5.4)。

5.3.3　不同深度取水样

用一种特别的取样器,内盛细口瓶(4.1),瓶上装有橡胶入口管接入到细口瓶的底部(4.1)。

当溶液充满细口瓶时将瓶中空气排出,避免溢流。某些类型的取样器可以同时充满几个细口瓶。

5.4 溶解氧的固定

取样之后,最好在现场立即向盛有样品的细口瓶中加 1 ml 二价硫酸锰溶液(3.4)和 2 ml 碱性试剂(3.3)。使用细尖头的移液管,将试剂加到液面以下,小心盖上塞子,避免把空气泡带入。

若用其它装置,必须小心保证样品氧含量不变。

将细口瓶上下颠倒转动几次,使瓶内的成分充分混合,静置沉淀最少 5 min,然后再重新颠倒混合,保证混合均匀,这时可以将细口瓶运送至实验室。

若避光保存,样品最长贮藏 24 h。

5.5 游离碘

确保所形成的沉淀物已降在细口瓶下 1/3 部分。

慢速加入 1.5 ml 硫酸溶液(3.1)〔或相应体积的磷酸溶液(见 3.3)注〕,盖上细口瓶盖,然后摇动瓶子,要求瓶中沉淀物完全溶解,并且碘已均匀分布。

注:若直接在细口瓶内进行滴定,小心地虹吸出上部分相应于所加酸溶液容积的澄清液,而不扰动底部沉淀物。

5.6 滴定

将细口瓶内的组分或其部分体积(V_1)转移到锥形瓶内。用硫代硫酸钠(3.6)滴定,在接近滴定终点时,加淀粉溶液(3.7)或者加其他合适的指示剂。

6 结果的表示

溶解氧含量 c_1(mg·L^{-1})由式(2)求出

$$c_1 = \frac{M_r V_2 c f_1}{4 V_1} \tag{2}$$

式中　M_r——氧的分子量,$M_r = 32$;

V_1——滴定时样品的体积,ml,一般取 $V_1 = 100$ ml;若滴定细口瓶内试样,则 $V_1 = V_0$;

V_2——滴定样品时所耗去硫代硫酸钠溶液(3.6)的体积(ml);

c——硫代硫酸钠溶液(3.6)的实际浓度(mol·L^{-1})。

$$f_1 = \frac{V_0}{V_0 - V'} \tag{3}$$

式中　V_0——细口瓶(4.1)的体积(ml);

V'——二价硫酸锰溶液(3.4)(1 ml)和碱性试剂(3.3)(2 ml)体积的总和。

结果取一位小数。

7 再现性

分别在四个实验室内,自由度为 10,对空气饱和的水(范围在 8.5～9 ml·L^{-1})进行了重复测定,得到溶解氧的批内标准差在 0.03～0.05 mg·L^{-1} 之间。

8 特殊情况

8.1 存在氧化性物质

8.1.1 原理

通过滴定第二个试验样品来测定除溶解氧以外的氧化性物质的含量,以修正第 6 章中得到的结果。

8.1.2 步骤

8.1.2.1 按照 5.3 中规定取两个试验样品。

8.1.2.2 按照 5.4、5.5、5.6 中规定的步骤测定第一个试样中的溶解氧。

8.1.2.3 将第二个试样定量转移至大小适宜的锥形瓶内,加 1.5 ml 硫酸溶液(3.1)〔或相应体积的磷酸溶液(见 3.1)注〕,然后再加 2 ml 碱性试剂(3.3)和 1 ml 二价硫酸锰溶液(3.4),放置 5 min。用硫代硫酸钠(3.6)滴定,在滴定快到终点时,加淀粉(3.7)或其它合适的指示剂。

8.1.3 结果表示

溶解氧含量 c_2(mg·L^{-1})由式(4)给出

$$c_2 = \frac{M_r V_2 c f_1}{4V_1} - \frac{M_r V_4 c}{4V_3} \tag{4}$$

式中　M_r、V_1、V_2、c 和 f_1 与本实验 6 中的含义相同;

$\quad\quad V_2$——盛第二个试样的细口瓶体积(ml);

$\quad\quad V_4$——滴定第二个试样用去的硫代硫酸钠的溶液(3.6)的体积(ml)。

8.2　存在还原性物质

8.2.1　原理

加入过量次氯酸钠溶液,氧化第一和第二个试样中的还原物质。测定一个试样中的溶解氧含量。测定另一个试样中过剩的次氯酸钠量。

8.2.2　试剂

见 3 中规定的试剂。

次氯酸钠溶液:约含游离氯 4 g·L^{-1},用稀释市售浓次氯酸钠溶液的办法制备,用碘量法测定溶液的浓度。

8.2.3　步骤

8.2.3.1　按照 5.3 中规定取两个试样。

8.2.3.2　向这两个试样中各加入 1.00 ml(若需要可加入更多的准确体积)的次氯酸钠溶液(8.2.2.1)(见 5.2 注),盖好细口瓶盖,混合均匀。

一个试样按 5.4、5.5 和 5.6 中的规定进行处理,另一个按照 8.1.2.2 的规定进行。

8.2.4　结果的表示

溶解氧的含量 c_3(mg·L^{-1})由式(5)给出

$$c_3 = \frac{M_r V_2 c f_2}{4V_1} - \frac{M_r V_4 c}{4(V_3 - V_5)} \tag{5}$$

式中　M_r、V_1、V_2 和 c 与本实验 6 中的含义相同;

$\quad\quad V_3$ 和 V_4 与 8.1.3 含义相同;

$\quad\quad V_5$——加入到试样中次氯酸钠溶液的体积(ml)(通常 $V_5 = 1.00$ ml)。

$$f_2 = \frac{V_0}{V_0 - V_5 - V'} \tag{6}$$

式中　V' 与本实验 6 中的含义相同;

$\quad\quad V_0$——盛第一个试验样品的细口瓶的体积(ml)。

9　试验报告

试验报告包括下列内容:

a. 参考了本国家标准;

b. 对样品的精确鉴别;

c. 结果和所用的表示方法;

d. 环境温度和大气压力;

e. 测定期间注意到的特殊细节;

f. 本国家标准没有规定的或考虑可任选的操作细节。

实验 13　铁氧体法处理含铬废水

一、实验导读

利用化学反应处理工业废水的效率很高,是一类应用广泛的处理技术。在化学处理法中,又分一般化学法和物理化学法两种。一般化学法包括中和、氧化、还原、配合、化学絮凝等;物理化学法主要包括吸附、置换、电解、萃取、离子交换以及电渗析等多种方法。

1.中和法

含有过量酸或碱的工业废水,排放前要调整废水中的 pH 值,使废水呈中性状态,避免污染水体。处理方法就是中和。中和方法的处理技术有多种方式,包括:

(1)废水混合。把酸性工业废水直接投入碱性工业废水中,进行两种废水的混合。例如把电镀车间排放的酸性废水排入混合池,同时把建筑材料厂排放的碱性废水(石灰乳等)排入混合池,调节 pH 值到 5～8,这是一种以废治废的处理技术。

(2)在酸性废水中投入适量的碱性物质。中和含盐酸的废水用石灰石比较好,中和硫酸废水时多用碳酸钠或石灰,中和硝酸废水时则用白云石熟料。常见的处理技术是把酸性废水送入石灰石滤池或石灰乳滤池,通过石灰石或石灰乳过滤层,流出液即已达到合适的 pH 值。

(3)在碱性废水中投入适量的酸性物质或吹入烟道废气($\varphi(CO_2) = 12\% \sim 18\%$)、二氧化碳等气体,进行中和反应,形成中性废水。由于烟道气来源方便,二氧化碳制取容易,已经被广泛用来中和含碱废水,是一种既经济而又高效的办法。

2.氧化与还原

向工业废水中投加适量的氧化剂或还原剂,与废水中的某些有毒有害物质发生氧化反应或还原反应,作用结果将使有毒有害物质转化为无毒无害或易于分解的新物质。

(1)氧化。用于工业废水处理的氧化剂有氯气、次氯酸钠、二氧化氯、臭氧、氧气等。例如,氰化电镀工艺会产生含有一定浓度氰化物的废水,可以在碱性介质中,用氯气或二氧化氯来氧化氰化物,使氰化物分解为二氧化碳和氮。同样,对于炼焦、合成苯酚、合成橡胶等生产废水中所含有的毒物酚,也可以用次氯酸钠、高锰酸钾和臭氧等氧化剂,把酚氧化分解为二氧化碳和水。

(2)还原。在工业废水的还原处理中,常用的还原剂有硫酸亚铁(绿矾)、二氧化硫、偏亚硫酸氢钠、铁、锌、硼氢化钠等。应用不同的化学还原剂,可以还原多种工业废水中的有害污染物。

3.化学絮凝

某些化学试剂在水中发生复杂的水解、聚合等反应,产生絮凝沉淀物。它们在形成过程中及形成后可以吸收、拘捕废水中的胶体以及其它一些杂质悬浮物,并一同沉降下来。通常我们把这一过程就叫做化学絮凝。最常用的絮凝剂有熟石灰、铁盐、铝盐、硫酸铝、明矾和氯化钙等。

例如,絮凝剂硫酸铝适用于处理造纸废水、洗砂废水、纺织废水、洗涤剂废水、乳状液、热电站废水等;而絮凝剂活性硅土(二氧化硅)可以处理采油废水、洗煤废水、造纸废水、纺织废水等。值得一提的是,我们每天饮用的自来水也是经化学絮凝处理的。

化学絮凝法处理工业废水具有很多优点,它除污效果好,效率高;操作简单,处理方便,絮凝剂用量少,费用低;适用面广。所以在使用化学方法处理工业废水方面是最广泛的一种。

4.离子交换

离子交换多用于从废水中去除或回收金属成分,适用去除水中铜、锌、汞、镉、铬、锰和银等金属离子以及净化放射性工业废水。

电镀行业产生大量含铬废水。由于 Cr^{6+} 的毒性非常大,必须经过处理才能排放。处理含铬废水的主要方法是还原法,一般用 SO_2、Na_2SO_4、$FeSO_4$ 等作还原剂,在酸性介质中(pH 为 $2 \sim 3$)将 Cr^{6+} 还原为 Cr^{3+}。然后,再向废水中投加一定数量的碱(石灰乳、氢氧化钠或其它废碱液),形成氢氧化铬沉淀,除去三价铬,使废水得以净化。铁氧体法(以 $FeSO_4$ 作还原剂)处理含铬废水的优点是,可以回收处理后的产物,既节约资金,又避免二次污染。

二、实验原理

1.铁氧体法处理含铬废水

在含铬废水中加入过量的硫酸亚铁溶液,使其中的 Cr^{6+} 和 Fe^{2+} 发生氧化还原反应,此时 Cr^{6+} 被还原为 Cr^{3+},而 Fe^{2+} 则被氧化为 Fe^{3+},调节溶液的 pH 值,使 Cr^{3+}、Fe^{3+} 和 Fe^{2+} 转化为氢氧化物沉淀。然后加入 H_2O_2,再使部分 Fe^{2+} 氧化为 Fe^{3+},组成类似 $Fe_3O_4 \cdot xH_2O$ 的磁性氧化物。这种氧化物称为铁氧体,其组成也可写作 $Fe^{3+}(Fe^{2+}、Fe_{1-x}^{3+}、Cr_x^{3+})O_4$,其中部分 Fe^{3+} 被 Cr^{3+} 代替,因此可使铬成为铁氧体的组分沉淀出来。其反应为

$$Fe^{2+} + Fe^{3+} + Cr^{3+} + OH^- \longrightarrow Fe(Fe_{1-x}Cr_x)O_4 \quad (\text{铁氧体})$$

式中 x 在 $0 \sim 1$ 之间。

含铬的铁氧体是一种磁性材料,可以应用在电子工业上。

2.目视比色法测定溶液中 Cr(VI)的含量

用眼睛直接观察溶液颜色的深浅,以确定物质含量的方法叫做目视比色法。首先在比色管中配制一系列不同浓度的标准溶液,将标准溶液系列和被测溶液在同样条件下进行比较,当被测溶液与某标准溶液颜色的深浅一样时,则可认为两者浓度相等。这样,由标准溶液的浓度就可知道被测溶液的浓度。

目视比色法的优点是仪器简单、操作方便、灵敏度高,因为液层厚,观察很浅的颜色比较合适。缺点是用眼睛观察颜色,分辨力受到一定的限制,因此准确度较差。通常误差为 $5\% \sim 20\%$。

Cr(VI)在酸性介质中可与二苯基碳酰二肼作用产生红紫色,根据颜色的深浅进行比色,即可测定废水中残留的 Cr^{6+} 含量。

三、实验内容

1.配制 Cr(VI)标准系列溶液

用移液管从 $100 \text{ mg} \cdot \text{L}^{-1} K_2Cr_2O_7$ 储备液中准确移取 10 ml 溶液,注入 100 ml 的容量瓶中,用去离子水稀释至刻度。此标准液每毫升含 Cr(VI)的量为 0.010 mg。

取 6 个 50 ml 比色管,分别加入上面的标液溶液 0 ml、1.0 ml、2.0 ml、3.0 ml、4.0 ml 和 5.0 ml,再加入 30 ml 左右去离子水和 2.5 ml 酸性二苯基碳酰二肼溶液,稀释至刻度,摇匀。

2.铁氧体法处理含铬废水

(1)取 200 ml 含铬废水(含 $K_2Cr_2O_7$ 约 1 450 $\text{mg} \cdot \text{L}^{-1}$),将含铬量换算为 CrO_3,再按 CrO_3:

FeSO4·7H$_2$O = 1:16 的质量比算出所需的 FeSO$_4$·7H$_2$O 结晶的质量。用台秤称出,加到含铬废水中。滴加浓度为 3 mol·L^{-1} 的 H$_2$SO$_4$,并不断搅拌,直到 pH≈2,溶液呈绿色为止。

(2)用 6 mol·L^{-1} 的 NaOH 调节溶液的 pH 值为 7～8。然后在电炉上加热至约 70℃,再加入 6～10 滴 w(H$_2$O$_2$) = 3% 的 H$_2$O$_2$ 溶液,在此过程中要不断搅拌,注意观察沉淀的产生。

(3)静置,使沉淀降到烧杯底部。将上层清液用普通漏斗过滤,用移液管移取 25 ml 滤液于 50 ml 比色管中,准备测定 Cr(Ⅵ)的残留量。

(4)用电磁铁或磁铁将沉淀吸出,放入指定的回收瓶中,弃去废水。

3.测定溶液中 Cr(Ⅵ)的含量

在已加入 25 ml 滤液的 50 ml 比色管中加入 2.5 ml 酸性二苯基碳酰二肼溶液,用去离子水稀释至刻度,摇匀后,过 10 min 进行目视比色。确定溶液中 Cr(Ⅵ)的含量(mg·L^{-1})。并比较是否达到国家排放标准(0.5 mg·L^{-1})。

四、思考题

(1)什么叫做铁氧体?

(2)在含铬废水中加入 FeSO$_4$ 后,为什么要调节 pH 值为 2? 为什么又要加入 NaOH 调节 pH 值为 7～8? 为什么又要加入 H$_2$O$_2$? 在这些过程中,发生了什么反应?

实验 14　水的软化和净化处理

一、实验导读

1．离子交换剂的发展

离子交换现象在自然界中广泛存在,但真正确认这一现象的是两位英国化学家 H. S. Tompson 和 J. T. Way。1850 年他们发现,用硫酸铵或碳酸铵处理土壤时,铵离子被吸收而析出钙。土壤实际上是有显著离子交换效应的无机离子交换剂。1935 年 B. A. Adams 和 E. L. Holmes 合成了具有离子交换功能的高分子材料聚酚醛系强酸性阳离子交换树脂和聚苯胺醛系弱碱性阴离子交换树脂。这一成就被认为是离子交换发展进程中最重要的事件。二战期间,德国首先以工业规模生产了离子交换树脂,并在水处理方面得到应用。战后英、美、苏、日等国也大力发展离子交换技术。1945 年美国人 G. F. d'Alelio 成功地合成了聚苯乙烯系阳离子交换树脂。以此为基础,后来又合成了其它性能良好的聚苯乙烯系、聚丙烯酸系树脂,使离子交换成为在许多方面表现出优势的低能耗、高效率的分离技术。20 世纪 60 年代,离子交换树脂的发展取得重要突破,R. Kunin 等采用 E. F. Meitzer 和 J. A. Oline 发明的方法,合成了一系列结构和过去大不相同的大孔离子交换树脂,并很快在美国和法国投入生产。这类树脂由于其多孔结构,兼具离子交换和吸附两种功能,为离子交换树脂的广泛应用开辟了新的广阔前景。离子交换树脂的合成及其应用技术互相推动,迅速发展,在化工、冶金、环保、生物、医药、食品等许多领域取得了巨大的成就和效益。

2．离子交换树脂的结构与分类

离子交换树脂是具有特殊网状结构的高分子化合物。在树脂中,高分子链互相缠绕连接。在高分子链上接有可以电离或具有自由电子对的功能基。带电荷的功能基上还结合有与功能基电荷符号相反的离子。这种离子称为反离子,它可以同外界与其符号相同的离子进行交换。不带电荷而仅有自由电子对的功能基,可以通过电子对结合极性分子、离子或离子化合物。含有带电荷功能基的树脂占有离子交换树脂的大多数。能离解出阳离子(如 H^+)的树脂称阳离子交换树脂;能离解出阴离子(如 Cl^-)的树脂称阴离子交换树脂。以聚苯乙烯型强酸性阳离子交换树脂为例,固定阴离子为磺酸基—SO_3^-,反离子为 H^+ 或 Na^+ 等。聚合链为聚苯乙烯,以二乙烯基苯作交联剂。交联剂起着聚合链之间搭桥的作用,它使树脂中的高分子链成为一种三维网状结构。交联剂在单体总量中所占质量分数为交联度。改变交联度的大小可以调节树脂的一些物理化学性能。

离子交换树脂的种类很多,常用于水净化处理的离子交换树脂有以下两种:

(1) 强酸性阳离子交换树脂。这是指功能基为磺酸基—SO_3H 的一类树脂。它的酸性相当于硫酸、盐酸等无机酸,在碱性、中性乃至酸性介质中都有离子交换功能。

以苯乙烯和二乙烯基苯共聚体为基础的磺酸型树脂是最常用的强酸性阳离子交换树脂。其结构为

$$\left[\begin{array}{c} -CH-CH_2- \\ \\ SO_3H \end{array} \right]_n \qquad \begin{array}{c} -CH-CH_2- \\ \\ -CH-CH_2- \end{array}$$

该树脂主要是由苯乙烯单体与适量交联剂二乙烯苯共聚合而成,得到的球状基体称为白球。白球用浓硫酸磺化,在苯环上引入一个磺酸基。磺化后的树脂为 H⁺ 型,为贮存和运输方便,往往转化为 Na⁺ 型。

(2) 强碱性阴离子交换树脂。这种树脂的功能基为季铵基,其骨架为交联聚苯乙烯。在傅氏催化剂(如 $ZnCl_2$、$AlCl_3$、$SnCl_4$ 等)存在下,使骨架上的苯环与氯甲醚进行氯化反应,再与不同的胺类进行季铵化反应。季铵化试剂有两种。使用第一种(三甲胺)得到 I 型强碱性阴离子交换树脂

$$\begin{array}{c} -CH-CH_2- \\ \\ CH_2-N^+(CH_3)_3Cl^- \end{array}\Bigg|_n \qquad \begin{array}{c} -CH-CH_2- \\ \\ -CH-CH_2- \end{array}$$

除此之外常用的还有含羧酸基的弱酸性阳离子交换树脂;含有胺基的弱碱性阴离子交换树脂;能与金属离子形成螯合物的螯合性树脂等。还有一些具有特殊功能的树脂,如氧化还原树脂、两性树脂、热再生树脂、光活性树脂、生物活性树脂、磁性树脂等。

3. 离子交换在水净化中的应用

大量的离子交换树脂被用于水的净化处理,目前,约 80% ~ 90% 的离子交换树脂用于水处理。虽然也有其它的水处理方法,但离子交换法仍是一种简便而有效的方法。

水的净化处理在工业生产、科学研究中是经常遇到的问题。最普通的是锅炉用水的软化。天然水中含有悬浮杂质(如泥沙)、细菌,还有一些无机盐类。所谓水的硬度主要是指水中含有的钙盐和镁盐。天然水中不仅含有 Ca^{2+}、Mg^{2+}、Na^{2+}、K^+ 等阳离子,也含有 HCO_3^-、SO_4^{2-}、Cl^- 等阴离子。在锅炉中生成的 $CaSO_4$、$CaCO_3$ 等沉淀成为锅垢,给运行带来严重影响,因而这些离子必须事先除去。在其它领域,随着科学技术的发展,对水质的要求也不断提高。例如,高压锅炉、原子反应堆的锅炉都需要高纯水,纺织工业、电子工业也要求高纯水。

典型的离子交换脱盐流程如图 4.1 所示,这是由三个柱串联的复合式流程。

原水首先通过阳柱,强酸性离子交换树脂事先已经转为 H⁺ 型。由于 Ca^{2+}、Mg^{2+}、Na^{2+}、K^+ 等离子对树脂的亲和力大于 H⁺ 离子,因此原水中的阳离子被吸附在树脂中,H⁺ 则进入水中

$$RH + Na^+ \longrightarrow RNa + H^+$$
$$2RH + Ca^{2+} \longrightarrow R_2Ca + 2H^+$$
$$\vdots$$

故从阳柱中流出的水呈微酸性,其中的 H⁺ 将与水中的 HCO_3^- 或 CO_3^{2-} 发生反应

$$2H^+ + CO_3^{2-} \longrightarrow H_2CO_3 \longrightarrow H_2O + CO_2\uparrow$$

$$H^+ + HCO_3^- \longrightarrow H_2CO_3 \longrightarrow H_2O + CO_2 \uparrow$$

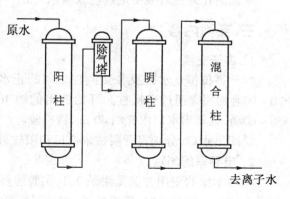

　　反应生成的 CO_2 可在除气塔中除去,即在装有填料的塔中,使水在填料上形成水膜,同时吹入空气,水中的 CO_2 被带入气相。这样可以除去大部分的 CO_3^{2-} 和 HCO_3^-,从而减少阴柱的负担。除气后的水再进入阴柱,由于 Cl^-、SO_4^{2-}、HPO_4^{2-}、HCO_3^- 等对阴离子树脂的亲和力大于 OH^-,故这些离子被吸附到树脂上

$$ROH + Cl^- \longrightarrow RCl + OH^-$$
$$2ROH + SO_4^{2-} \longrightarrow R_2SO_4 + 2OH^-$$
……

图 4.1　复合床式离子交换法水处理流程图

　　交换下来的 OH^- 和水中存在的 H^+ 结合形成 H_2O。一般情况下从阴柱中出来的水呈中性或微弱减性,绝大部分阴、阳离子均已除去。

　　若要进一步提高水的净化效果及中和水的酸、碱度,可使水进入一个装有阴、阳两种树脂的混合柱,这样出来的水的电导率一般可达 $10^{-7}\Omega^{-1}\cdot cm^{-1}$ 左右,pH 值近于 7。

　　离子交换树脂经过一段时间使用后,交换树脂达到饱和,要分别用 HCl 或 NaOH 对阳、阴树脂进行再生处理,使其进行上述反应的逆反应,树脂恢复交换能力。

　　显然,离子交换法只能用于水中除盐,不能去除水中的细菌和病毒,同时,对非电解质的去除效率也较低。

二、实验提要

1.去离子水的制备

　　采用离子交换法制备的净化水称为去离子水,原理如前所述。实验装置模仿工业上三柱串联的复合式流程,即待处理水首先通过阳离子交换柱,再通过阴离子交换柱,最后通过阴、阳离子混合柱进行多级交换。阳柱、阴柱和混合柱底端都有采样口,可对相应的流出液进行分析。

2.水的电导率

　　纯水是极弱的电解质,当水样中含有可溶性盐类杂质时,则成为电解质溶液而使导电能力大大加强。溶液中的离子浓度越大,导电能力也越大,故可根据水的导电能力来估计水中杂质离子的相对含量,评价水的纯度(参见实验七)。

　　高纯水的电导率一般小于 $10^{-7}\,\Omega^{-1}\cdot cm^{-1}$;去离子水在 $10^{-6}\sim 10^{-7}\,\Omega^{-1}\cdot cm^{-1}$ 之间;自来水则约为 $10^{-4}\,\Omega^{-1}\cdot cm^{-1}$ 左右。

3.杂质离子的检验

　　水样中的 Cl^-、SO_4^{2+} 离子可分别用 $AgNO_3$、$BaCl_2$ 溶液进行检验;Ca^{2+}、Mg^{2+} 离子可分别用钙指示剂、镁试剂和铬黑 T 指示剂检验。

　　钙指示剂在 $7.4 < pH < 13.5$ 时显蓝色,与 Ca^{2+}、Mg^{2+} 离子作用时显红色,用它单独检验 Ca^{2+} 离子时,必须调节 pH 值为 $12\sim 13$,此时 Mg^{2+} 离子以 $Mg(OH)_2$ 沉淀形式析出,不干扰 Ca^{2+} 离子的检验。

镁试剂在碱性溶液中呈红色或紫色。Mg^{2+} 与镁试剂在碱性溶液中生成蓝色螯合物沉淀。

三、实验内容

1．离子交换

打开高位槽止水夹及各交换柱之间的止水夹,调节出水口螺旋夹使流出液先以每分钟 70～90 滴的流速通过交换柱。开始流出的约 100 ml 水应弃去,然后重新控制流速为每分钟 50～60 滴,收集出水口水样约 40 ml,待检验。

关闭出水口,分别打开阴柱采样口和阳柱采样口,各采集约 40 ml 水样。

2．电导率的测定

电导率仪的使用方法见附录 2.1,实验前要仔细阅读。电导率仪经校正后即可进行测量,注意在取出电导电极前,需将校正、测量开关拨到"校正"位置,测量时必须将铂片全部浸入水样中,注意勿使电极引线潮湿。

分别测定自来水、去离子水的电导率值。每次测定前,都应以待测水样冲洗电导电极,然后取大半杯水样测定其电导值。

同时测定阴柱采样口出水和阳柱采样口出水的电导率值,与前边的测量值比较。要注意的是阳柱出水的电导率应该比原水略有提高,这是因为被 Ca^{2+}、Mg^{2+} 离子交换下来的是运动速度极高因而导电能力更强的 H^+ 离子。

3．杂质离子的检验

(1) pH 值。用精密试纸检验。

(2) Ca^{2+} 离子。1 ml 水样加入数滴 2 mol·L^{-1} 浓度的氨水,再加少量钙指示剂,观察溶液颜色是否转为红色。

(3) Mg^{2+} 离子。1 ml 水样加 1 滴镁试剂,再加入 1 滴 1 mol·L^{-1} 的 NaOH 溶液,充分振荡 1 min,观察是否有蓝色絮状沉淀出现(衬上白纸观察)。

(4) Cl^- 离子。1 ml 水样加入 1 滴 1 mol·L^{-1} 浓度的 HNO_3 溶液使之酸化,再加入 1 滴 0.1 mol·L^{-1} 浓度的 $AgNO_3$,观察是否出现白色浑浊现象。

(5) SO_4^{2-} 离子。1 ml 水样中加入 4 滴 1 mol·L^{-1} 浓度的 $BaCl_2$ 溶液,观察是否出现白色浑浊现象。

四、思考题

(1) 离子交换法净化水的原理是什么?

(2) 离子交换装置中是否可以将阳离子交换柱与阴离子交换柱调换次序? 如果待处理水首先通过阴柱,可能出现什么问题?

(3) 写出使用电导率仪测定水样电导率的操作步骤。

(4) 写出检验 Cl^-、SO_4^{2-} 离子的化学反应式。

第五编　材料化学

实验 15　钛酸钡（BaTiO₃）纳米粉的制备

一、实验导读

1. 纳米材料与纳米技术

能源、信息和材料是国民经济的三大支柱产业，而材料又是能源和信息工业的物质基础。人们对固体材料的认识，首先是从宏观现象（物质的熔点、硬度、电导、磁性和化学反应活性等）开始的。随后又深入到原子、分子的层次，用原子结构、晶体结构和化学键理论来阐明结构和性能间的关系。近年来纳米科技的发展使人们认识到：材料的性质并不仅是直接取决于原子和分子，在物质的宏观固体和微观原子间还存在着如下所示的一些不同的介观层次，这些层次对材料的物性也起着决定性的作用。

$\sim 0.1\ nm$　　　　$1\ nm$　　　$100\ nm$　　　μm

微观　　　团簇　　　　纳米　　　　介观　　　宏观

微观体系包含有一个到几个原子或分子，属于量子化学研究的领域；宏观体系包含有无限的原子或分子，是统计热力学研究的范畴。而团簇和纳米层次包含有数百到数千个原子或分子，结构上表现为表面态或晶界态的原子或分子所占比例大。如直径为 5 nm 的粒子，其表面原子约占 50%。因而表现出的物性与宏观材料不同。

一般认为，尺寸在 1～100 nm 范围内的粒子为纳米（nanometer）粒子。美国 Argonne 实验室研究人员发现：晶粒尺寸为 20 nm，$w(C) = 1.8\%$ 的 Fe，其断裂强度可达5.88 GPa，比普通铁（490 MPa）提高 10 倍，并仍保持塑性。纳米金的熔点为 330℃，而普通金块的熔点为1 063℃；纳米 Si₃N₄ 具有强压电效应，是普通压电陶瓷锆钛酸铅（Pb(Ti, Zr)O₃）的 4 倍；对于航天、火箭发动机用的结构陶瓷，纳米材料更显出其独特的优越性。如纳米结构陶瓷的烧成温度较传统的晶粒陶瓷低 300～600℃，在一定温度下，纳米陶瓷可以进行切削加工，连续变形而呈超塑性，因而可以做成任何形状的构件。纳米材料的化学活性也大大提高，如用纳米二氧化钛（TiO₂）从硫化氢中去硫量较普通 TiO₂ 的除硫量增加 5 倍；用光敏化的纳米结构 TiO₂ 膜形成的光电化学电池，其光电转换效率达 10%。纳米固体火箭推进剂的燃烧值也较普通推进剂大大提高。最近人们发现，在纳米相铬（Cr）中能产生独特的磁结构和性能，这一发现将对磁记录工业是一个冲击。

纳米材料的研究带动了纳米技术（nanotechnology）的发展。纳米技术是在纳米尺度上的工程学，它对原子和分子进行"加工"，使其具有特定功能的结构。例如，可以在高真空的扫描隧道电子显微镜（STM, scanning tunnel microscopy）内，操纵电子束，使单晶硅表面原子激发，可以刻蚀出"中国"两个世界上最小的汉字。纳米刻蚀技术应用到微电子介质上，可以制造出高密度存储器，其记录密度是普通磁盘的 3 万倍，可以在一张邮票大小的衬底上记录 400 万页报纸刊载的内容。基于纳米技术的微型机电系统（MEMS, microelectron-mechanical systems）和专用集成微型仪器（ASIM, application specific integrated microinstrument）已从实验室探索走向工业化应用，并迅速在军事及民用领域发展。已研制的一些引人注目的器件，有许多是肉眼看不到的，如回转式电机、线性执行机构和传感器等。利用纳米驱动技术可以实现机械的超精细加工，满足航天和微电子技术发展的需要。目前，人们又提出纳米卫星（nanosatellite）的概念，利用纳米技术在半导体衬底上制成专用集成微型仪器 ASIM，能用于制导、导航、控制、通信等。可以说，纳米材料和纳米技术的应用与发展把物质内部潜在的丰富结构性能发掘出来，正像核裂变和核技术把物质中潜在的能量成百万倍开发出来那样，将大大改变世界的面貌。

2. 纳米粉制备方法

纳米粉的制备大体分为气相法和液相法。其中气相法包括：化学气相沉积（CVD, Chemical vapor deposition）、激光气相沉积（LCVD, laser chemical vapor deposition）、真空蒸发和电子束或射频束溅射等。其缺点是设备要求较高，投资较大。液相法包括：溶胶-凝胶（Sol-Gel）法、水热（hydrothermal synthesis）法和共沉淀（co-precipitation）法等。其中 Sol-Gel 法得到广泛的应用，主要原因是：① 操作简单，处理时间短，无需极端条件和复杂仪器设备；② 各组分在溶液中实现分子级混合，可制备组分复杂但分布均匀的各种纳米粉；③ 适应性强，不但可以制备微粉，还可方便地用于制备纤维、薄膜、多孔载体和复合材料。

Sol-Gel 法是用金属有机物（如醇盐）或无机盐为原料，通过溶液中的水解、聚合等化学反应，经溶胶—凝胶—干燥—热处理过程制备纳米粉或薄膜，其基本过程如图 5.1 所示。

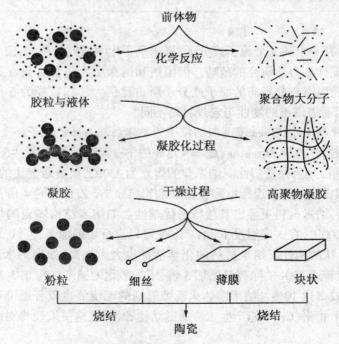

图 5.1 Sol-Gel 法过程示意图

溶液中的过程包括金属有机物的水解及缩聚反应

水解 $\qquad$ $M(OR)_n + xH_2O \longrightarrow M(OH)_x(OR)_{n-x} + xROH$

失水聚合　　　$\overset{|}{\underset{|}{HO-M}}-$ + $\overset{|}{\underset{|}{HO-M}}-$ → $\overset{|}{\underset{|}{-M}}-O-\overset{|}{\underset{|}{M}}-$ + H_2O

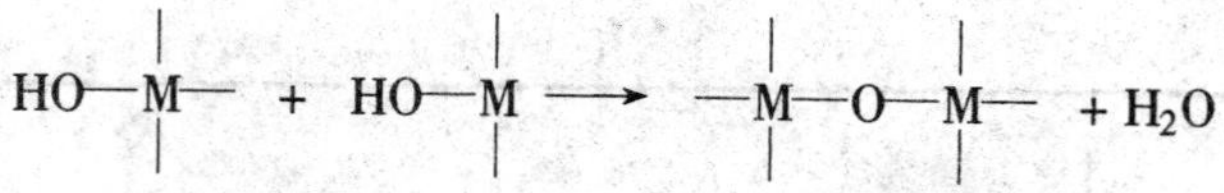

失醇聚合　　　$-\overset{|}{\underset{|}{M}}-OH$ + $RO-\overset{|}{\underset{|}{M}}-$ → $-\overset{|}{\underset{|}{M}}-O-\overset{|}{\underset{|}{M}}-$ + ROH

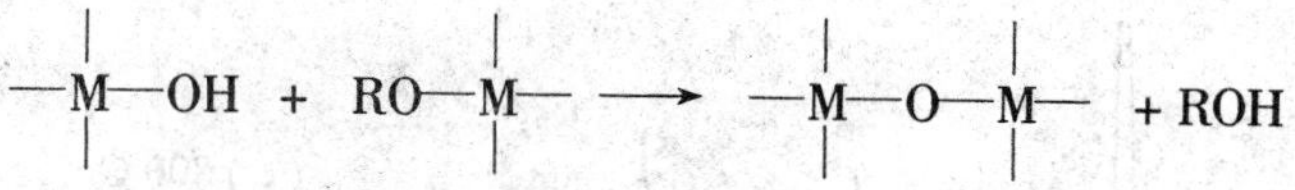

　　这样溶胶就转变为三维网络状的凝胶。凝胶经干燥,除去水分和溶剂,即形成干凝胶。干凝胶于适当的温度下热处理,研细后得所需的纳米粉。

　　3. $BaTiO_3$ 结构性能及应用

　　$BaTiO_3$ 的熔点为 1 618℃,室温下为四方结构,具有压电效应和铁电效应,120℃以上转变为立方相。其晶胞结构如图 5.2 所示。

　　$BaTiO_3$ 是重要的电子材料,可以制作陶瓷电容器、多层薄膜电容器、铁电存储器和压电换能器等,用于通讯电子设备和探测器。La^{3+} 或 Nb^{5+} 掺杂改性的 $BaTiO_3$,具有 PTC 效应,即正温度系数(positive temperature coefficient)效应。PTC $BaTiO_3$ 在室温时具有很低的电阻率,表现为半导性,温度超过某一值时,其电阻率上升几个数量级。利用 $BaTiO_3$ 的这一特性可以制作陶瓷限流器、热敏开关和恒温器等。

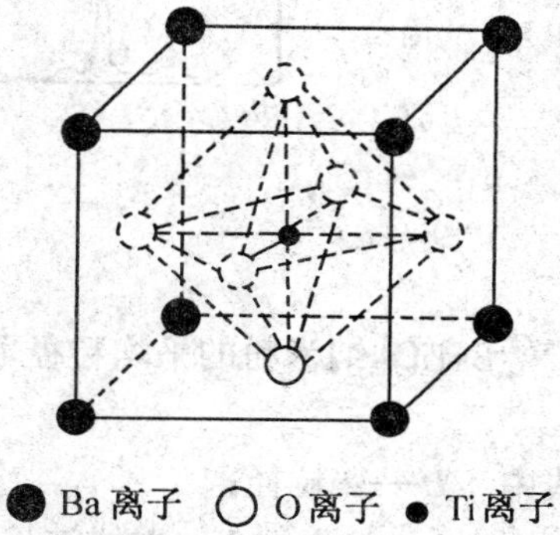

　　$BaTiO_3$ 多以固相烧结法制备,原料为 $BaCO_3$ 和 TiO_2,两者等物质的量混合后于 1 300℃煅烧,发生固相反应

● Ba 离子　○ O 离子　• Ti 离子

$$BaCO_3 + TiO_2 \longrightarrow BaTiO_3 + CO_2 \uparrow$$

图 5.2　$BaTiO_3$ 的晶胞结构

此方法简单易行、成本低,但必须依赖于机械粉碎和球磨,反应温度高、反应不完备、组分均匀性和一致性差、晶粒较大。Sol – Gel 法不但可以得到组分均匀的 $BaTiO_3$ 纳米粉,而且烧成温度大大降低,为高级电子器件的制备生产提供了前提条件。

二、实验提要

　　1. Sol – Gel 法制备 $BaTiO_3$ 纳米粉

　　本实验是以钛酸四丁酯和醋酸钡为原料,正丁醇为溶剂,利用 Sol – Gel 法制备 $BaTiO_3$ 纳米粉。该方法的基本原理是:钛酸四丁酯吸收空气或体系中的水分而不断水解,水解产物间不断发生失水或失醇缩聚而形成三维网络状凝胶,而 Ba^{2+} 或 $Ba(Ac)_2$ 的多聚体均匀分布或交叉分布于该网络中。高温热处理时,溶剂挥发或燃烧,Ti – O – Ti 多聚体与 $Ba(Ac)_2$ 分解产生的 $BaCO_3$ 反应[①],生成 $BaTiO_3$。

　　2. 纳米粉的表征

　　可以用 X – 射线衍射(X – ray diffraction,XRD)、透射电子显微镜(TEM,transmission electron microscopy)和比表面积测定等方法对纳米粉进行表征。本实验采用 XRD 技术。

　　图 5.3 为典型的 $BaTiO_3$ X – 射线衍射曲线。

---

　　①　X – 射线衍射分析表明,在形成 $BaTiO_3$ 前有 $BaCO_3$ 生成。

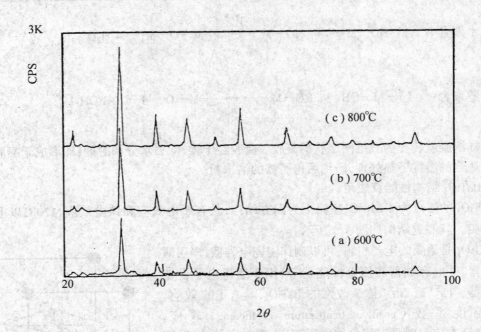

图 5.3　BaTiO₃ XRD 曲线

BaTiO₃ 纳米粉的平均粒径可以由下式计算

$$D = 0.9\lambda / \beta\cos\theta$$

式中　　D——粒径；

λ——入射 X – 射线波长（对 Cu 靶，$\lambda = 0.1542$ nm）；

θ——X – 射线衍射的布拉格角（以度计）；

β——θ 处衍射峰的半高宽（以弧度计）。

其中 β 和 θ 可由 X – 射线衍射数据直接给出。

三、实验内容

本实验基本过程如图 5.4 所示。

1. 溶胶及凝胶的制备

准确称取钛酸四丁酯 10.210 8 g（0.03 mol）置于小烧杯中，放在磁力搅拌器上，加入 30 ml 正丁醇使其溶解，再加入 10 ml 冰醋酸，混合均匀。另准确称取等物质量的已干燥过的无水醋酸钡（0.03 mol，7.663 5 g）溶于 15 ml 蒸馏水中，形成 Ba(Ac)₂ 水溶液。将其加入到钛酸四丁酯的正丁醇溶液中，控制滴速，在 30 ~ 40 min 内滴定。用冰醋酸调其 pH 值为 3.5，即得到淡黄色透明澄清的溶胶。用普通分析滤纸将烧杯口扎紧，25 ~ 30℃ 温度下静置 24 h 以上，即可得到透明的凝胶。

2. 干凝胶的获得

将凝胶捣碎，置于烘箱中，100℃ 温度下充分干燥（24 h 以上），去除溶剂和水分，即得干凝胶。研细备用。

3. 干凝胶的热处理

将上述研细的干凝胶置于 Al₂O₃ 坩埚中进行热处理，开始以 4℃·min⁻¹ 的速度升温至 250℃，保温 1 h，以彻底除去粉料中的有机溶剂。然后再以 8℃·min⁻¹ 的速度升温至 800℃，保温 2 h,然后自然降至室温,即得到白色或淡黄色固体,研细即可得到结晶态 BaTiO₃ 纳米粉。

4. 纳米粉的表征

将 BaTiO₃ 粉涂于专用样品板上,于 X-射线衍射仪上测其衍射曲线,将得到的数据进行计算机检索或与标准曲线对照,可以证实所得 BaTiO₃ 是否为结晶态。计算 BaTiO₃ 纳米粉的平均粒径。

四、思考题

(1) 在称量钛酸四丁酯时应注意什么? 当称量的钛酸四丁酯比预计的量多而且已溶于正丁醇中时,以后的实验如何处理?

(2) 普通的 Sol-Gel 法中,溶胶中的金属有机物是通过吸收空气中的水分而水解,而本实验的溶胶中虽已存在一定量的水分,但钛酸四丁酯并未快速水解而形成水合 TiO₂ 沉淀。这是本实验的一个创新,请考虑其中的原因。

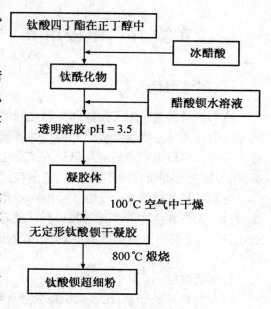

图 5.4 Sol-Gel 法制备 BaTiO₃ 纳米粉的工艺过程

实验 16　电极用 $\beta - Ni(OH)_2$ 纳米材料的制备

一、实验导读

纳米材料是关于原子团簇和微粉之间的一种新型材料。随着微电子器件的发展,材料的尺寸已由日常的三维块状大尺寸向二维薄膜、一维纤维,最终到准零维纳米颗粒尺度的方向发展。目前许多超细颗粒的应用已进入工业化生产、应用阶段。随着人们对纳米颗粒的光、电、磁、热等性能方面研究的不断深入,它的应用前景十分广阔。

纳米材料是指尺寸介于 0.1 ~ 100 nm 范围内的超细颗粒(即纳米颗粒),包括金属、非金属、有机、无机和生物等多种颗粒材料。随着物质的超微化,其表面电子结构和晶体结构发生变化,产生宏观物体所不具有的特性,如表面效应、宏观隧道效应、小尺寸效应和量子尺寸效应。

1.表面效应

随着材料粒径变小,比表面积将会显著增大,表面原子所占的百分数将会显著增加。如粒径为 5 nm 的颗粒表面原子数占总原子数的 40%,而粒径为 100 nm 的颗粒表面原子数只占总原子数的 2%,对于粒径大于 100 nm 的颗粒表面效应可忽略不计。由于超细颗粒的表面不同于一般固体,表面原子仿佛进入了“沸腾”状态,具有很高的活性。例如金属的超细颗粒在空气中会燃烧,无机物的超细颗粒在空气中会吸附气体,并与气体进行反应。因此这时的表面效应将不可忽略。

2.小尺寸效应

当超细颗粒的尺寸与光波波长、德布罗意波长以及超导态的相干长度或透射深度等物理特征尺寸相当或更小而引起的一系列宏观物体性质的变化称为小尺寸效应,主要表现在以下几个方面:

① 特殊的光学性质。金属超细化后都呈现为黑色,尺寸愈小,颜色愈黑。这是因为金属超细粉对光的反射率很低。利用这个特性可以作为高效率的光热、光电转换材料,可应用于红外敏感元件、红外隐身技术(红外隐身材料对红外线有强烈的吸收能力,不能被红外探测器所发现)等。

② 特殊的热学性质。固态结晶体物质的熔点是固定的,而超细化后却发现其熔点发生变化,一般显著降低,当颗粒小于 10 nm 时尤为显著。银的常规熔点为 670℃,而超细银粉的熔点可低于 100℃。因此,超细银粉制成的导电浆料可以进行低温烧结,此时元件的基片可用塑料,同时可使膜厚均匀,覆盖面积大,既省料又具高质量。

③ 特殊的磁学性质。利用磁性超微颗粒具有高矫顽力(矫顽力是指磁性材料磁化到饱和去掉外磁场后,再加上相反磁场使磁感应强度为零时所对应的磁场值)的特性,已制成高贮存密度的磁记录磁粉,大量应用于磁带、磁盘、磁卡以及磁性钥匙等。利用超顺磁性,制成用途广泛的磁性液体。

④ 特殊的力学性质。超细颗粒压制成的陶瓷材料具有良好的韧性和一定的延展性,具有新奇的力学性质,其应用前景十分宽广。

3.量子尺寸效应

由于颗粒超细化而使大块材料中连续的能带分裂为分立的能级,能级间距随颗粒尺寸减小而增大。当热能、电场能或者磁场能比平均的能级间距还小，就会呈现一系列与宏观物体截然不同的反常特性，称之为量子尺寸效应。例如，导电的金属在超细颗粒时可以变成绝缘体等。

纳米材料与常规颗粒材料相比具有一系优异的电、磁、光、力学和化学等宏观特性，从而使其作为一种新型材料在电子、冶金、宇航、化工、生物和医学等领域展现出广阔的应用前景。无论是美国的"星球大战计划"、"信息高速公路"；欧共体的"尤里卡计划"；还是日本的"高技术探索研究计划"以及我国的"836"、"973"计划等，都把纳米材料的研究列为重点发展项目。纳米材料被誉为 21 世纪的新材料。

目前，世界各国对纳米材料的研究主要包括制备、微观结构、宏观物性和应用等四个方面。其中超微粉的制备技术是关键，因为制备工艺纳米材料的电、磁、光、力学和化学等宏观特性，纳米材料的制备途径大致有两种：一是粉碎法，即通过机械作用将粗颗粒物质逐步粉碎而获得纳米颗粒；另一种是造粉法，利用原子、离子或分子通过成核和长大两个阶段合成纳米颗粒。若以物料状态来分，则可归纳为固相法、液相法和气相法三大类，但随着科技的不断发展以及对不同物理化学特性纳米材料的需求，在上述方法的基础上衍生出许多新的制备技术，如配位沉淀法、微乳法等。

90 年代以来，纳米科学技术已经扩展到电化学领域。纳米态电极活性物质 $Ni(OH)_2$ 作为添加物掺杂到常规用球形 $Ni(OH)_2$，可提高填充密度，进而提高放电容量，由此制成的 $Ni(OH)_2$ 电极，单电极放电容量大大提高。

氢氧化镍正极在粘结式碱性二次电池中的应用十分广泛。US Nanoclrp. Inc 公司的科研人员利用湿化学合成方法制备出纳米级 $Ni(OH)_2$ 粉末，具有 $\beta - Ni(OH)_2$ 的结构，是高度纳米孔隙的纤维和等轴晶粒的混合物，纤维直径 $2 \sim 5$ nm，长 $150 \sim 50$ nm，晶粒尺寸约 5nm，由其团聚后制成的正极放电容量可提高 20%。本实验采用均相沉淀法制成 $\beta - Ni(OH)_2$ 纳米粉，供后续的电化学实验制备电极，测其正极比容量。

二、实验提要

1. $Ni(OH)_2$ 的性质

$Ni(ON)_2$ 晶体呈绿色，其纳米粉末颜色较浅，密度较低，难溶于水，$K_{sp} = 1.6 \times 10^{-16}$。是粘结式碱性二次电池中常用的正极材料。目前常用的是球形 $Ni(OH)_2$（简称"球镍"），其颗粒为 $6 \sim 20 \mu m$。随着贮氢材料在二次电池中的应用，逐渐取代"Cd"负极，减少了 Cd－Ni 电池中的 Cd 对环境的污染，提高了粘结式碱性二次电池的性能。但电池负极材料的改进，迫切需要普通正极材料 $Ni(OH)_2$ 的电容量有所提高。本实验利用制备的纳米级 $Ni(OH)_2$ 在普通球镍中掺杂的方法来提高正极的电容量。

2. $Ni(OH)_2$ 纳米粉末的制备原理

$$Ni(NO_3)_2 + 2en =\!=\!=\!= [Ni(en)_2](NO_3)_2$$

$$[Ni(en)_2](NO_3)_2 + 2NaOH =\!=\!=\!= Ni(OH)_2(s) + 2en + 2NaNO_3$$

由于乙二胺(en)与 Ni^{2+} 形成配合物，降低了溶液中 Ni^{2+} 的浓度，在搅拌时，滴加 NaOH 溶液，则可制出纳米级的 $Ni(OH)_2$。

三、实验内容

准确配制 $0.100\ 0$ mol·L^{-1} 的 $Ni(NO_3)_2 \cdot 6H_2O$ 溶液，用移液管量取 200 ml，放置于 1 000 ml

烧杯中,将 $Ni(NO_3)_2$ 溶液水浴加热到 50℃,保持恒温。用移液管按物质的量比 $[en]:[Ni^{2+}] = 2:1$,准确量取乙二胺 2.70 ml,为防止乙二胺与空气中的 CO_2 反应及被空气氧化(注意:(乙二胺是腐蚀性物质,其蒸气对人的皮肤、眼睛以及呼吸系统皆有刺激作用)。加入时应将移液管没入液面下注人,并轻微搅拌。此时液体呈深蓝色,搅拌 20 min。按计量的 1.2 倍量,用量筒取配制好的 $0.100\ 0\ mol \cdot L^{-1}$ 的 NaOH 溶液放入滴液器中,滴加至溶液 pH 值为 12.5。滴速每分钟 100 滴左右(最好用两支滴液漏斗同时加),与此同时开始增加搅拌力度。反应进行一段时间后,溶液变蓝灰色。滴加完碱后,继续搅拌 30~40 min,抽滤。

四、预习思考题

(1)在制备纳米材料时应注意哪些问题?

(2)乙二胺在 $\beta - Ni(OH)_2$ 纳米材料的制备中起什么作用?

实验 17　高分子材料的合成

一、实验导读

　　高分子材料是由较简单的,称为单体的化合物构成。在我们周围存在着许多我们熟悉的聚合物。人造聚合物的实例有聚四氟乙烯、尼龙、涤纶、聚乙烯、环氧树脂、聚氯乙烯、聚氨基甲酸酯、有机玻璃等。天然聚合物的实例有淀粉和纤维素(由葡萄糖形成)、橡胶(由异戊二烯形成)和蛋白质(由氨基酸形成)等。这些聚合物已对人类物质生活产生了极大影响,它们正在迅速代替金属,用于制造各种材料,人造聚合物纤维正在代替天然纤维,用于制造衣服和纺织品。不仅如此,随着材料科学的发展,高分子材料科学已向其它学科的应用领域不断渗透。

　　聚合物基本上是由许多重复的分子单元构成的。后者则由单体分子间有顺序地彼此加合而成。许多单体分子 A,譬如说 $1 \times 10^3 \sim 1 \times 10^6$ 个,可以连接起来形成一个庞大的聚合物分子

$$—A—A—A—A—A—A—A— \quad \cdots \qquad （聚合物分子）$$

　　由不同的单体连接起来形成的聚合物称为共聚物,例如

$$—A—B—A—B—A—B—A— \quad \cdots \qquad （交替共聚物）$$

聚合物的合成方法基本有如下几大类:

　　(1)加成聚合物。它们是由单元彼此通过加成反应而形成的长链状(通常是线型或带支链的)聚合物。这种单体通常含有碳-碳双键,如表 5.1 中的聚乙烯、聚丙稀、聚四氟乙烯等。

　　这种聚合过程可表示为

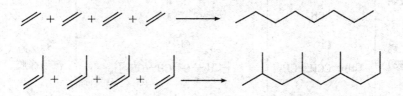

　　(2)缩合聚合物。它们是由双官能团或多官能团分子间相互反应同时消去某些作为副产物的小分子(诸如水、氨或氯化氢)而形成。如表 5.1 中的聚酰胺、聚酯等。这种聚合过程可表示为

$$H—\Box—X + H—\Box—X \longrightarrow H—\Box—\Box—X + HX$$

$$H—\Box—H + X—\Box—X \longrightarrow H—\Box—\Box—X + HX$$

　　(3)交联聚合物。它们是由许多长链连接成一种庞大的三维空间结构而形成,具有极大的刚性。加成聚合物和缩合聚合物能否以一个交联网的形式存在,视合成中所用的单体而定。熟知的交联聚合物实例有:电木、橡胶以及固化了的环氧树脂等。这种聚合过程可表示为

表 5.1　一些聚合物的实例

名　　称	单　体	聚　合　物	用　　途
聚乙烯	$CH_2 = CH_2$	$\text{—[}CH_2 - CH_2\text{—]}_n$	最普通最重要的塑料、薄膜、袋、瓶、电线绝缘皮
聚丙烯	$CH_2{=}CH$ 　　| 　　CH_3	$\text{—[}CH_2{-}CH\text{—]}_n$ 　　　　| 　　　　CH_3	纤维、地毯、瓶、袋
聚苯乙烯	$CH_2{=}CH$ 　　| 　　⬡	$\text{—[}CH_2{-}CH\text{—]}_n$ 　　　　| 　　　　⬡	泡沫塑料、廉价家用物件、廉价模压物件
聚氯乙烯	$CH_2{=}CH$ 　　| 　　Cl	$\text{—[}CH_2{-}CH_2\text{—]}_n$ 　　　　| 　　　　Cl	合成皮革、瓶子、地板、管子、唱片
聚四氟乙烯（塑料王）	$CF_2{=}CF_2$	$\text{—[}CF_2{-}CF_2\text{—]}_n$	防粘表面、抗化学腐蚀薄膜或零件
聚甲基丙烯酸甲酯（有机玻璃）	$COOCH_3$ 　　　| $CH_2{=}CH$ 　　| 　　CH_3	$COOCH_3$ 　　　| $\text{—[}CH_2{-}C\text{—]}_n$ 　　　| 　　CH_3	不碎玻璃、乳胶漆
聚氯丁二烯（氯丁橡胶）	Cl 　　| $CH_2{=}CCH{=}CH_2$	Cl 　　　　| $\text{—[}CH_2{-}C{=}CH{-}CH_2\text{—]}_n$	与 ZnO 交联、耐油、耐汽油橡胶
聚酰胺（尼龙）	$\quad O\qquad O$ $\quad\|\|\qquad\|\|$ $HOC(CH_2)_nCOH$ $H_2N(CH_2)_mNH_2$	$\;\; O\qquad O$ $\;\;\|\|\qquad\|\|$ $\text{—[}C(CH_2)_nC{-}NH(CH_2)_mNH\text{—]}_P$	纤维制品、模压制品
聚酯（涤纶）	$\;\;O\qquad\qquad O$ $\;\;\|\|\qquad\qquad\|\|$ $HOC{-}⬡{-}COH$ $HO(CH_2)_nOH$	$\;O\qquad\qquad O$ $\;\|\|\qquad\qquad\|\|$ $\text{—[}C{-}⬡{-}C{-}O(CH_2)_nO\text{—]}_m$	纤维制品、录音带
酚醛树脂（电木）	OH ⬡ 　$CH_2{=}O$	(交联酚醛结构)	与填料混合,生产模压电器用品、胶粘剂、层压板、清漆

目前,各类新型高分子材料层出不穷,这些精工制作的材料一般都具有既不会腐蚀也不会生锈的特性,其耐久程度几乎是无限的。值得关注的是,这些性质也给我们带来了难题,例如随意丢弃的塑料制品(特别是不易回收的塑料袋和薄膜)几年或几十年也不分解,造成了大面积的"白色污染",已危及到人类的日常工作和生活。理想的解决办法是将所有的废物进行再循环利用。目前正在研究开发的能被生物或光降解的塑料,使微生物或阳光能分解我们的抛弃物和垃圾,也是一个有效的解决办法。

二、实验提要

本实验通过合成两种聚酯、尼龙和有机玻璃,了解高分子有机物的主要反应形式。这些聚合物代表着工业上一些比较重要的塑料,也代表着主要的聚合物品种:缩聚物(线型聚酯、尼龙)、加聚物(有机玻璃)以及交联聚合物(甘酞聚酯)。

1.聚酯(涤纶)

线型聚酯由下述反应制成

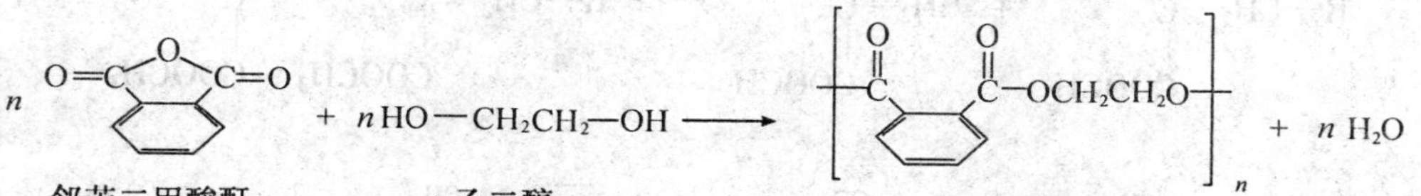

邻苯二甲酸酐　　　　乙二醇　　　　　　　　　　　　　线型聚酯

若在单体之一中存在两个以上的官能团,聚合物链可彼此连接起来(交联),形成一种三维骨架。交联的聚合物不再溶解在溶剂中,属于热固性塑料。将上述实验中的乙二醇用甘油(丙三醇)代替,就可以制成称为甘酞树脂的交联聚酯

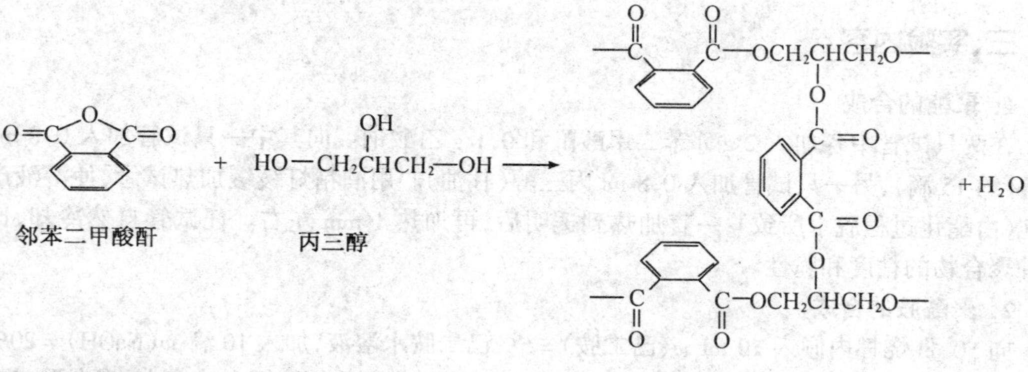

邻苯二甲酸酐　　　　丙三醇

2. 聚酰胺(尼龙)

工业上,由己二酸和己二胺可以制成广泛应用的尼龙－66,这也是一个缩聚反应。本实验中以己二酰氯代替己二酸,通过一个称为界面聚合的有趣反应,制备尼龙－66

$$
\underset{\text{Cl}-\overset{\displaystyle O}{\overset{\|}{C}}(CH_2)_4\overset{\displaystyle O}{\overset{\|}{C}}}{} + H-NHCH_2(CH_2)_4CH_2NH-H \longrightarrow -\overset{\displaystyle O}{\overset{\|}{C}}(CH_2)_4\overset{\displaystyle O}{\overset{\|}{C}}-NH(CH_2)_6NH-
$$

将酰氯溶于环己烷中,然后将其小心地加至溶解于水中的己二胺中。这些液体不会混溶,形成两层。在两层间的交接处(界面),两种单体会发生聚合反应形成尼龙,这被称为界面聚

合。

3．聚甲基丙烯酸甲酯(有机玻璃)

加聚反应通常需要一个引发过程,合成有机玻璃时,可以用过氧化苯甲酰做引发剂,过氧化苯甲酰在 80~90℃时可以分解产生自由基

$$\text{苯甲酰过氧化物} \longrightarrow 2 \text{ } \langle\text{苯甲酰氧自由基}\rangle \text{C—O·}$$

自由基用 R·表示,它引发甲基丙烯酸甲酯的聚合反应

$$R· + CH_2=\underset{\underset{COOCH_3}{|}}{\overset{\overset{CH_3}{|}}{C}} \longrightarrow R—CH_2—\underset{\underset{COOCH_3}{|}}{\overset{\overset{CH_3}{|}}{C}}·$$

$$R—CH_2—\underset{\underset{COOCH_3}{|}}{\overset{\overset{CH_3}{|}}{C}}· + CH_2=\underset{\underset{COOCH_3}{|}}{\overset{\overset{CH_3}{|}}{C}} \longrightarrow R—CH_2—\underset{\underset{COOCH_3}{|}}{\overset{\overset{CH_3}{|}}{C}}—\underset{\underset{COOCH_3}{|}}{\overset{\overset{CH_3}{|}}{C}}·$$

$$R—CH_2—\underset{\underset{COOCH_3}{|}}{\overset{\overset{CH_3}{|}}{C}}—CH_2—\underset{\underset{COOCH3}{|}}{\overset{\overset{CH_3}{|}}{C}}· + nCH_2=\underset{\underset{COOCH_3}{|}}{\overset{\overset{CH_3}{|}}{C}} \longrightarrow R—\left[CH_2—\underset{\underset{COOCH_3}{|}}{\overset{\overset{CH_3}{|}}{C}}\right]_n—CH_2—\underset{\underset{COOCH_3}{|}}{\overset{\overset{CH_3}{|}}{C}}·_{n+1}$$

这一过程称为链增长,由于有和链增长竞争的链终止反应,因此链增长到一定程度就会停止。

三、实验内容

1．聚酯的合成

在两只试管中各加入 2 g 邻苯二甲酸酐和 0.1 g 乙酸钠。向其中一只试管加入 0.8 ml 乙二醇(约 15 滴),另一只试管加入 0.8 ml 丙三醇(甘油)。用酒精灯缓缓加热试管,使溶液产生气泡(由酯化过程脱水所致),一直加热到透明后,再加热 1 min 左右。任试管自然冷却,比较两种聚合物的粘度和脆性。

2．聚酰胺的合成

向 50 ml 烧杯内倾入 10 ml w(己二胺)＝5%己二胺水溶液,加入 10 滴 w(NaOH)＝20%氢氧化钠溶液。小心地将 w(己二酰氯)＝5%的环己烷溶液沿着杯壁倾入溶液中,将会形成两层不相互混溶的溶液,且在液-液界面处立即形成聚合物膜。用一只铜丝钩或镊子抓住聚合物膜的中心,慢慢地提升,使聚酰胺得以不断生成并可拉出近 1 m 的一股线。拉得太快时这股线会被拉断。用水将这股线洗涤几次,放在滤纸上任其干燥。再用玻璃棒将烧杯中剩余部分剧烈搅拌,使两相充分接触、反应形成一些聚合物。快速过滤,洗涤聚合物,观察两种聚合物的差异。

注意:不可将聚酰胺丢入水槽,以免堵塞管道。

3. 聚甲基丙烯酸甲酯的合成

准备 1 只 500 ml 的烧杯,加入约 1/2 容积的水,加热至沸,用做水浴。

称取 0.05 g 干燥的过氧化苯甲酰,放入清洁而干燥的试管中。然后用移液管往试管中注入 10 ml 甲基丙烯酸甲酯,并将试管放入沸水浴中。用玻璃棒搅拌,使过氧化苯甲酰溶解。停止搅拌,继续加热至试管中的产物变得十分粘稠时,停止加热,往水浴中加入约 100 ml 冷水,使水浴温度降至 60 ~ 70℃,任其放置到产物变硬(常温下约需 3 ~ 4 d)。

四、思考题

(1) 一种醇酸树脂是由顺丁烯二酸酐与乙二醇反应生成的。写出此缩合物的反应方程式。

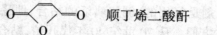　　顺丁烯二酸酐

(2) 加聚反应与缩聚反应有什么不同的特点?

(3) 举例说明塑料造成的环境问题。提出你的解决办法。

实验 18　107 胶粘剂的制备

一、实验导读

粘合剂(或称胶粘剂)有很广泛的用途,就以书籍的硬封面来说,它的生产就需要五个粘合步骤以及四种不同的粘合剂。

粘合剂不但可以粘合性质相同的材料,也可以粘合性质不同的材料,它比焊接、铆接和螺钉联结有更多的优点,如方便、快速、经济和节能,而且粘合接头光滑、应力分布均匀、质量小,还有密封、防腐、绝缘等优良性能。

在过去,绝大部分粘合剂是家用的,例如墙纸的粘合、地毯的粘合、玻璃和陶瓷的粘合等等,为家庭生活提供了不少方便。从 20 世纪 40 年代开始,粘合剂发展迅速,在航天、原子能、农业、交通运输、木材加工、建筑、轻纺、机械、电子、化工、医疗和文教各方面都有广泛应用。

在新型的飞机上粘合剂代替了铆接以联结金属板,因为铆接会产生应力,不用铆接可以降低金属疲劳,从而延长飞机的寿命。在新型飞机上,粘合剂做成的层压板也被用于机尾和机舱的制造中。粘合剂的应用使飞机生产更为经济,而且提供了密封空气、密封燃料和联结方式。一个大的粘合剂联结的机舱可以少用 76 300 个铆钉。此外,接头光滑和质量轻对航天工业也是十分重要的。粘合剂还可以粘合异形的和复杂的部件,也可以粘合薄板,这些都是其它联结方法所无法比拟的。因此,粘合剂在航天工业上有着广阔的应用前景。

本实验通过聚乙烯醇缩甲醛胶粘剂的制备了解胶粘剂在工业上应用的重要意义,并了解聚乙烯醇缩甲醛胶粘剂的缩合反应机理及其应用范围,掌握其制备方法和工艺条件。

二、实验提要

107 胶是以聚乙烯醇与甲醛在盐酸条件下进行缩合,再经氢氧化钠调整 pH 值制成,即按下列反应式进行

$$\sim\sim CH_2-CH-CH_2-CH-CH_2-CH\sim\sim \ +\ HCHO \longrightarrow$$
$$\qquad\quad | \qquad\qquad | \qquad\qquad |$$
$$\qquad\quad OH \qquad\quad OH \qquad\quad OH$$

$$\sim\sim CH_2-CH-CH_2-CH-CH_2-CH\sim\sim \ +\ H_2O$$
$$\qquad\quad | \qquad\qquad | \qquad\qquad |$$
$$\qquad\quad OH \qquad\quad O-CH_2-O$$

上述反应的进行,必须有 H^+ 催化,甲醛与聚乙烯醇的缩合反应是分步进行的。首先形成半缩醛①,且在 H^+ 存在下转化成正碳离子②,而后与聚乙烯醇作用得缩醛③。

$$\begin{array}{c} H \\ | \\ C=O \\ | \\ H \end{array} + ROH \Longleftrightarrow \begin{array}{c} H \quad OH \\ \backslash \ | \\ C \\ / \ | \\ H \quad OR \end{array} \xrightarrow{H^+} \begin{array}{c} H \quad O^+H_2 \\ \backslash \ | \\ C \\ / \ | \\ H \quad OR \end{array} \xrightarrow{-H_2O}$$
$$\qquad\qquad\qquad\qquad\qquad ①$$

$$\underset{②}{\overset{\displaystyle H\quad\ \ }{\underset{\displaystyle H\quad OR}{C^+}}} \quad \underset{-H^+}{\overset{ROH}{\rightleftharpoons}} \quad \underset{③}{\overset{\displaystyle H\quad OR}{\underset{\displaystyle H\quad OR}{C}}}$$

其中 ROH 代表聚乙烯醇。

由上述反应可见，形成半缩醛①基本不需酸催化，整个反应历程是可逆的，因此必须用稀碱洗去余酸，否则将导致产物分解。

107 胶，最初只代替浆糊及动、植物胶、用作文具胶水及粘贴皮鞋衬里等。20 世纪 70 年代开始用于民用建设，20 世纪 80 年代广泛用于各种壁纸、玻璃、纤维、墙布、墙板、瓷砖之粘贴，也可用作大白粉浆、石灰浆、各种腻子的胶粘剂，还用作内外墙涂料、水泥地面涂料的基料及外墙饰面等各个方面，故有建筑部门的"万能胶"之称。

三、实验内容

1.聚乙烯醇缩甲醛胶粘剂的制备

（1）在 250 ml 烧杯中加入 100 ml 蒸馏水，然后将其放在水浴中加热。

（2）当小烧杯中蒸馏水加热至 70℃，用搅拌棒搅拌，同时加入聚乙烯醇 5 g，继续搅拌，升温至 90℃，保温至全部溶解。

（3）向水浴中加入冷水，并调节水浴温度，使小烧杯温度降至 80℃。用量筒取 1.50 ml 质量分数为 36%（$w(HCl)=36\%$）的盐酸，在搅拌下，用滴液管逐滴加入小烧杯中。继续搅拌 30 min，保持水浴温度在 78～82℃。如果过热，则向溶液中加入冷水；过冷，可提高水浴温度。

（4）在上述温度下，加入甲醛水溶液 4 ml，每隔 10 min 搅拌一次（1 min），使之反应 50 min。

（5）将配好的 5 ml NaOH 溶液加入小烧杯中，进行中和，冷却后即得到 107 胶。产品为微黄色或无色透明胶状液体。

2.聚乙烯醇缩甲醛胶粘剂的粘合性能检验

分别用纸、布、木板、瓷砖等进行粘合实验，检验其粘合性能，并与市售胶粘剂进行比较。

四、思考题

（1）如何保持水浴温度在一定范围之内？

（2）如何加速聚乙烯醇的溶解速度？

（3）加入 NaOH 的作用是什么？

实验 19　新型铜－石墨复合材料的制备

一、实验导读

随着现代科学技术的发展,复合材料日益受到重视,石墨表面包覆铜对石墨性能的提高具有重要意义。其优良的耐磨性、低摩擦系数和低阻抗等综合性能大大超过了石墨粉与铜粉的机械混合物,因而得到了广泛应用。目前机电工业对电刷和滑动轴承等产品的性能和制造技术提出了越来越高的要求,但高铜电刷和铜基滑动轴承由于成本高和综合性能有待于提高,将逐渐失去其原有优势,逐渐被石墨－铜复合材料取代。而要想得到良好的石墨、铜复合材料,关键是要解决石墨和铜的结合力问题。本实验是用化学还原法进行石墨表面化学镀铜,通过本实验可以掌握非金属表面化学镀铜的原理、方法和实验技能,以及最佳实验条件的选择方法等。

1.化学镀铜的特点

近年来,化学镀铜作为一种表面处理技术越来越受到重视,其不断发展归因于其工艺设备简单,易于控制和掌握,镀层均匀平整,适于复杂的零件,这是电镀技术所不具备的。因而化学镀铜是塑料、陶瓷、石墨等材料表面金属化的首选方法,已成为复合材料制备、印刷电路板制造、金属防腐蚀和高性能化学电源材料加工的重要手段。从导电性、焊接性、镀层韧性和经济效益等综合指标来考虑,化学镀铜是首选的。

化学镀铜液按稳定性可分为低稳定性的化学镀铜液和高稳定性的化学镀铜液;根据其沉积速度又可分为低速率的化学镀铜液和高速率的化学镀铜液。前者沉积速率一般为 $2 \sim 4 \ \mu m \cdot h^{-1}$,后者一般为 $10 \ \mu m \cdot h^{-1}$。

化学镀铜体系一般由被镀材料和镀液两部分组成,镀液由铜盐、络合剂,还原剂和稳定剂组成。

2.镀液各组分的作用和实验参数的影响

铜盐通常用硫酸铜、氯化铜、硝酸铜等为镀液提供铜离子。铜离子的含量对化学镀铜的沉积速度影响较大。一般来说,铜离子浓度增加,沉积速度加快,当含量达到一定数值后,沉积速度便趋一个稳定值。实验结果表明:铜离子浓度对镀层质量影响不大,在兼顾沉积速度的前提下,允许铜离子的含量在较宽范围内变化。

常用的还原剂有甲醛、次磷酸钠、肼及硼氢化物等。镀铜常用甲醛做还原剂。甲醛的还原能力除与溶液 pH 值(> 11)有关外,还与镀液温度和浓度有关,即随着镀液温度升高,甲醛的还原能力增加;在低浓度下,甲醛的还原能力随甲醛浓度的增加而明显升高,当甲醛浓度高到一定程度时,其浓度对还原能力影响不大。

络合剂包括酒石酸钾钠、EDTA、甘油及三乙醇胺等。在化学镀液加入络合剂,使铜离子与络合剂形成稳定的络离子,避免铜离子在碱性介质中生成氢氧化铜沉淀。因为一旦生成这种沉淀,即使镀液稳定,也使沉淀物夹杂于镀层中而影响镀层质量。络合剂浓度太高,会降低沉积速率。

稳定剂的作用是提高镀液的稳定性。以甲醛做还原剂的镀液为例,甲醛在碱性介质中,有可能把 Cu^{2+} 还原为 Cu_2O,而 Cu_2O 还可能发生歧化反应,生成细小铜粉。为了抑制铜粉及 Cu_2O 的产生,常常加入一些稳定剂,如 α, α' －联吡啶、2 －巯基苯骈噻唑、氰化物及硫氰化物等,这些化合物能与 Cu^+ 生成稳定的配合物,从而提高了镀液的稳定性。

由于甲醛只有在 pH > 11 的条件下,才具有还原作用,所以镀液中应加一定量的 NaOH 或 Na_2CO_3。

二、实验提要

以甲醛作还原剂的化学镀铜服从电化学原理,其中,氧化反应为

$$2HCHO + 4OH^- - 2e \Longrightarrow 2HCOO^- + H_2\uparrow + 2H_2O$$

还原反应为

$$Cu^{2+} + 2e \Longrightarrow Cu$$

另外还存在以下三个副反应:

(1)康尼查罗反应(Cannizzaro)(甲醛在浓碱性溶液中发生分子间的氧化还原反应)

$$2HCHO + OH^- \longrightarrow HCOO^- + CH_3OH$$

(2)甲醛将 Cu^{2+} 离子还原为 Cu^+ 离子的反应为

$$2Cu^{2+} + HCHO + 5OH^- \longrightarrow Cu_2O\downarrow + HCOO^- + 3H_2O$$

(3)Cu^+ 离子的歧化反应

$$Cu_2O + H_2O \longrightarrow Cu\downarrow + Cu^{2+} + 2OH^-$$

以上三个副反应均使 HCHO 无谓消耗,同时造成了镀液分解,所以实际操作中最大限度地抑制其发生。

三、实验内容

1.化学镀铜液配方及使用条件

常用化学镀铜溶液配方及使用条件如表 5.2 所示。

表 5.2　化学镀铜液配方及使用条件说明

组　分＼含量＼配方	低稳定性		高稳定性	
	1	2	1	2
硫酸铜($CuSO_4 \cdot 5H_2O$)/($g \cdot L^{-1}$)	20 ~ 25	14	16	5 ~ 10
酒石酸钾纳($NaKC_4H_4O_6 \cdot 4H_2O$)/($g \cdot L^{-1}$)	50	40	14	
EDTA 二钠盐/($g \cdot L^{-1}$)			25	30 ~ 40
甲醛(HCHO)(37%)/($ml \cdot L^{-1}$)	30	25	15	10 ~ 15
氢氧化钠/($g \cdot L^{-1}$)	10	10	10 ~ 15	8
α, α' – 联吡啶/($mg \cdot L^{-1}$)			20	100
亚铁氰化钾/($mg \cdot L^{-1}$)			10	
2 – 巯基苯骈噻唑/($mg \cdot L^{-1}$)	0.25			
pH 值	12.5 ~ 13	12	12 ~ 12.5	12.5 ~ 13
温度/℃	30 ~ 35	20 ~ 32	28 ~ 35	70 ~ 90
沉积速度/($\mu m \cdot h^{-1}$)			2	12

注:表中的"%"均为质量分数。

2.镀液的配制(按低稳定性配方 1 进行实验)

化学镀铜液均分为 A、B 两组分别配制,使用前混合在一起,最后加入稳定剂(稳定剂可先适当用乙醇溶解),调整 pH 值。

A 组:量取 250 ml 蒸馏水(或去离子水)于 500 ml 烧杯中在电动搅拌下先后溶解硫酸铜、酒石酸钾钠、氢氧化钠。

B 组:体积分数为 37% 的甲醛溶液。

3.石墨表面镀铜

(1) 在慢慢搅拌下量取 B 组液缓缓加入 A 组中,水浴加热至 30~35℃再加入 2-巯基苯骈噻唑,混合均匀后加入 1 g(60 目)的石墨,调整 pH 值为 12.5~13 之间,用精密 pH 试纸监测。

(2) 观察反应现象,可按计算量镀含铜量 75% 的复合材料,反应开始后约每隔 10 min 补加一次硫酸铜(约 1 g)、NaOH(约 2 g)、甲醛(约 5 ml)至最后反应结束。

(3) 反应完结后,抽滤,分别用 20 ml 蒸馏水洗涤三次,再用 20 ml 乙醇洗一次,60℃下干燥 30 min,得到产品,称量,计算产率,分析误差原因。

(4) 将得到的产品在扫描电了显微镜下观察镀层的结构。

4.注意事项

(1) 镀液配制过程中要不停地搅拌,稳定剂要适量,不可加多。

(2) 在反应过程中,反应物应不断补加,pH 值应边测边调。

(3) 滤出产物后,为使镀液稳定,应用 H_2SO_4 调 pH 值近中性。

(4) 干燥时温度不宜过高。

四、思考题

(1) 实验中 2-巯基苯骈噻唑起什么作用? 使用时应注意什么?

(2) 搅拌的速率对产品质量有什么影响?

(3) pH 值过高对产品有什么影响?

第六编　化学与生命科学

实验 20　超市家用化学(思考实验)

一、实验导读

我们在做任何事情(包括实验、科研等)之前,都要对事件将发生的过程有周密的思考,对事件发展的结果有正确预测,这样才能促使我们时刻去做"有用之功"。这种思维和工作的原则,也是培养高素质科技人才的内容之一。思考实验是本着这个原则,让我们运用已学过的知识,或者唾手可得的知识,对实验中可能产生的问题、现象和结果进行认真的思考、全面的分析和正确的判断,提高我们的独立思考和独立解决问题的能力。思考实验中,给出了像一般实验一样的实验路线、内容和步骤,对不太理解、不可思议及感兴趣的部分,可以实际去做一做,这样既达到了实验课的基本要求,又大大提高了学化学的兴趣。

"化学品"这个词经常被公众所误解、误用和理解成相反的含义,以至使科学教育者们建议把这个词逐渐淘汰,而用较容易接受的词如"物质"、"产品"、"材料"等所代替。为什么"化学品"是个不受欢迎的词? 让我们来进行一个"思考测验",思考过程如下:

(1) 仔细阅读下列一段话,它是美国 McMastef 大学的化学教学带头人 R. J. Gillespie 教授向美国化学会刊物《化学与工程通报》写的一封信中的一段话:

"世界上存在着许多毒性和非毒性的物质,气味好闻和气味难闻的物质,有营养和无营养的物质,有机和无机物质等等。世界上(也)存在着许多不同类型的物质,例如,塑料、杀菌剂、清洗剂、药物、麻醉剂、染料、颜料、蛋白质、碳氢化合物和碳水化合物"。

(2) 测验一下我们自己的想法、体会和感觉。Gillespie 教授是否给我们留下需要领悟的问题? 你是否感觉到他没有告诉我们所有列举的物质的实质? 或者我们是否感到这里所用的词汇大部分和教师在课堂上所讲的一样?

(3) 现在让我们巧妙地用"化学品"这个词代替"物质"这个词后,再读一遍这段话。

(4) 我们是否体会到;"物质"这个词是较熟悉和温和的,一般来说,它是可被接受的。而"化学品"这个词则不然,使我们总是感觉与"有害"这个词有相关之嫌。

在我国,"化学品"这个词不受欢迎,是一种社会现象。人民大众虽然认识到现代生活、社会发展和国家富强离不开化学,但还是把环境污染、生态平衡的破坏、臭氧层的破坏、酸雨、癌症发病率的增加都归罪于"化学品",并没有认识到问题不在于"化学品"的本身,而是造成这种灾难的人为因素,也没有认识到我们本身可以利用化学这个"变化的学科"去解决这些难题。如果此实验能使我们对这个问题的认识有所提高,即对化学学科的重要地位有所认识,也就达到了本实验的目的之一。

二、实验提要

1. 实验所检验的试样

本实验所鉴别的物质都是一般家用的化学品(对不起,我们又用了这个词),即:

"食盐"($NaCl$,氯化钠);

"弱催眠剂"(KBr,溴化钾);

"苏打"($NaHCO_3$,碳酸氢钠);

"泻盐"($MgSO_4 \cdot 7H_2O$,七水硫酸镁);

"漂白剂"($NaClO$,次氯酸钠溶液);

"家用阿摩尼亚"(NH_3,氨),这种化合物的分子式有时写成 NH_4OH;

"花草助长物质"(肥料铵、钾和钙的氮、磷等化合物的混合物,一般还有选择性地共混一些有机原料,如泥炭沼等)。

请思考:七种物质各属于哪种类型的物质?(离子化合物,共价化合物,还是混合物)

2. 安全事项

(1)银溶液会沾污你的皮肤和衣服,这些污斑当时看不出来,而第二天就会出现。当用银溶液时一定要多加小心。

(2)银 – 氨溶液很不稳定,易爆炸,一般要避光存放。

(3)加酸到家用漂白液中,开始产生两种气体:次氯酸($HClO$)和氯气(Cl_2)。这两种气体是比漂白液本身更强的氧化物。操作时特别要注意,一定要在通风橱中进行。

三、实验内容

1. 氯化钠($NaCl$)

氯化钠是可溶性盐。其液体中含有 Na^+ 和 Cl^-。此时如果能仔细回忆中学我们学过的火焰实验和银镜反应,就可确定二离子的鉴定方法。

2. 溴化钾(KBr)

像 $NaCl$ 一样,KBr 也是一种可溶性盐,其溶液中含有 K^+ 和 Br^-。

请思考:在测试 KBr 晶体的方法中,那些方法是与测试 $NaCl$ 相同?哪些不同?

3. 碳酸氢钠($NaHCO_3$)

$NaHCO_3$ 也是可溶性盐,溶液中的离子是 Na^+ 和 HCO_3^-。HCO_3^- 可与酸反应生成 CO_2,如果在加酸前先加入少量肥皂和一种指示剂(麝香草酚蓝或溴代百里酚蓝),结果相当引人注目。

请思考:应观察到什么现象?

4. 硫酸镁($MgSO_4 . 7H_2O$)

$MgSO_4 . 7H_2O$ 是另一种可溶性盐。当含有 Mg^{2+} 和 SO_4^{2-} 的溶液被蒸发干时,水分子也存在于晶体中的离子晶格里,并不是无规则地留在其中,而是像离子本身一样有序地排列着。当固体溶解在水中时,晶体晶格被破坏,同时晶格中的水分子也自由了,这时溶液中只含有 Mg^{2+} 和 SO_4^{2-}。泻盐大约含有 50% 的水,当这种化合物被加热时,将会失掉水。检验步骤如下:

(1)硫酸根离子可以和可溶性的钡盐(注意:毒性大)反应。在 1 ml 水中溶解很少量的 $MgSO_4 \cdot 7H_2O$,然后分成两份于两个试管中,向其中一支试管中加入 5 滴 $0.2 \ mol \cdot L^{-1}$ 硝酸钡。

(2)镁离子与氢氧根离子反应较困难,即便有的反应能生成半透明的沉淀,那也很难用肉眼看到。染料可吸附在新鲜的氢氧化镁沉淀上,因而这种化合物经常被用于纺织工业,帮助染料与纤维之间的结合。加一滴"镁试剂"(对硝基苯偶氮间苯二酚)于另一支试管,然后再滴加 $0.2\ mol\cdot L^{-1}NaOH$。

请思考:两步反应观察到的现象。

5. 次氯酸钠(NaOCl)

NaClO 是离子化合物(含 Na^+ 和 ClO^-),具有较强的氧化能力。能被其氧化的化合物之一是 KBr,如果向这个反应溶液中再加 CH_2Cl_2(二氯甲烷)溶剂,请思考有什么现象出现?

6. 氨(NH_3)

NH_3 是共价化合物,但液体中仍含有少量的 NH_4^+ 和 OH^- 离子。大部分氨是以溶解的 NH_3 分子形式存在。这种情况可写成氨水的形式:$NH_3\cdot H_2O$。由于某些水合分子电离化,氨溶液有时称为"氢氧化胺"(这是不正确的,但这种不正确的用法相当广泛)。它是主要的工业化学品。

请思考:

(1)氨的最明显的物理特点是什么? 说出实质性的原因。

(2)把湿润的红色石蕊试纸放在打开的氨溶液的瓶口,有什么现象出现? 说明原因。

(3)向湿润的红色石蕊试纸上滴一点氨,又有什么现象出现? 说明原因。

7. 草坪肥料

草坪肥料一般是由钙盐、硝酸钾或胺及其它胺盐和泥浆沼混合而成,可用下列检验方法进行组成的定性检验:

用蒸馏水把一条润湿的 pH 试纸放在一边。准备一烧杯,取最热的开水,放 0.25 g 的肥料到中型试管里,用移液管把 1 ml $w(NaOH)=10\%$ 的 NaOH 溶液放到试管底部,不要把 NaOH 沾到试管壁上。立即把润湿的试纸放在试管口上,再把试管放到热水中。

请思考:用什么可以证实肥料样是一个混合物,而不是化合物或单质?

四、思考题

通过对几种常用简单检测方法的温习和某些化学品的安全使用,请我们再体会一下"化学品"这个词,进而给出有关认识化学学科的结论性的描述。

实验 21　食品中微量元素的鉴定

一、实验导读

人体微量元素是指在人体内含量少于 0.1% 的化学元素,含量通常在亿分之一到万分之一之间。人体必需的微量元素有铁、锌、铜、铬、锰、钴、氟、碘、钼、硒等。另外,还有一些从外环境通过各种途径(水、食物、空气等)进入人体的有毒微量元素,如汞、镉、铊、铍、铅等。人体必需的微量元素也是动物在生长和发育过程中所必需的。

微量元素在人体内的含量虽然极少,但却具有巨大的生物学作用。其生理功能主要有:① 协助输送物质,如含铁血红蛋白具有输氧功能;② 作为酶的组成成分和激活剂,人体内有千余种酶,很多都含有一个或多个微量金属原子;③ 参与激素作用,调节生理功能,如碘是甲状腺激素的重要成分之一。④ 影响核酸代谢。核酸是遗传信息的载体,发挥作用时,有相当高浓度的微量元素参与反应。一些微量元素的生理功能见表 6.1。

各种化学元素通常是通过空气、水、土壤和食物等进入生物体,生物体以新陈代谢的形式与所生存的环境进行不停的物质交换,获得所需要的元素。对人类来说,食物是微量元素的重要来源之一。

表 6.1　人体必需微量元素的生理功能

元素	生 理 功 能
铁	血红蛋白中氧的载体,多种氧化还原体系所必需,多种酶的活性部分
锌	多种酶的必要组成,与正常生长发育有关,影响酶活性
铜	氧化还原体系中有效的催化剂,影响酶活性
锰	多种酶催化反应,同钙、磷的代谢有关
铬	与糖类和脂肪代谢有关
钴	微生物 B_{12} 的必要组分
钼	嘌呤转化为尿酸的催化组分,能量交换所必需
碘	甲状腺激素的原料
氟	骨骼坚硬、预防龋齿
硒	谷胱甘肽过氧化酶的组成,抗不生育,防止营养不良,多种金属的解毒剂

1. 大豆中的铁元素

大豆是营养丰富的食物,尤其是各类豆制品是人们普遍喜欢的大众食品。大豆中不仅富含植物蛋白质,没有胆固醇,而且还含有铁等一些人体所需的微量元素。

微量元素铁是人体内多数氧化还原体系的重要组成部分,也是很多酶的活性组分之一,特别是作为血红蛋白中氧的载体,在人体内起着输送氧气的作用。缺铁的症状之一就是贫血。

2. 面粉中的锌元素

锌是维持人体正常生理活动和生长发育所必需的一种微量元素,为多数酶所必需。肠磷酸酶,肝、肾过氧化酶等的激活需要锌,胰岛素的合成也需要锌。食物中微量锌的含量差别很大,一般坚果、豆类、谷物等食品中含量较多一些,小麦中的锌主要存在于胚芽和皮中,因而有全麦粉比精制面粉更富营养的说法。

3. 海带中的碘元素

海带是营养价值和经济价值都比较高的食品,特别是含有人类健康必需的微量元素碘。

碘是人体合成甲状腺激素的主要成分,成人每日碘需求量为 70～100 μg,青少年为 160～200 μg,儿童为 50 μg 左右。机体缺碘会引起缺碘性地方甲状腺肿病。胎儿和婴幼儿在发育期缺碘,则导致甲状腺素缺乏,引起大脑、神经、骨骼和肌肉等发育迟缓或停滞,产生智力低下、呆小、聋哑、瘫痪等病症。

4. 油条中的铝元素

油条(或油饼)是很多人经常食用的大众化食品。为了使油条松脆可口,通常加入明矾($KAl(SO_4)_2 \cdot 12H_2O$)和苏打(Na_2CO_3),因而油条含有微量铝元素。

但是,近年来医学界研究发现,吃进人体内的铝对健康危害很大,能引起痴呆、骨痛、贫血、甲状腺功能降低、胃液分泌减少等多种疾病。摄入过量的铝还会影响人体对磷的吸收和能量代谢,降低生物酶的活性。铝还可以引起神经细胞的死亡,并能损害心脏。当铝进入人体后,可形成牢固的、难以消化的配位化合物,使其毒性增加。日本等发达国家已明确将铝列为有害元素,并制定了相应的环保法规,限制其使用和排放。

此外,用铝锅长时间盛装酸、碱、盐类食物,也会因为腐蚀而使一部分铝离子溶入食品中。

5. 松花蛋中的铅元素

松花蛋是一种有特殊风味的食品,但传统的制作工艺往往使其受到铅的污染。而铅及其化合物具有较大毒性,对人体危害较大。

侵入体内的铅绝大部分形成难溶的磷酸铅[$Pb_3(PO_4)_2$],沉积于骨骼,产生积累作用。当由于疲劳、外伤、感染发烧、患传染病、缺钙等原因使血液酸碱平衡变化时,铅可再变为可溶性磷酸氢铅[$PbHPO_4$]而进入血液,引起铅中毒。铅主要是损害骨髓造血系统和神经系统,引起贫血和末梢神经炎。此外铅随血流入脑组织,损害小脑和大脑皮质细胞,干扰代谢活动,进而发展成为弥漫性的脑损伤。

二、实验提要

1. 大豆中微量铁的鉴定

大豆样品经研磨粉碎,过 40 目筛,用浓硫酸和双氧水将其彻底消化。经 H_2O_2 处理的样品中铁是以 Fe^{3+} 离子形式存在的。在酸性条件下,Fe^{3+} 与 SCN^- 反应生成血红色配合物

$$Fe^{3+} + 5SCN^- = Fe(SCN)_5^{2-}$$

反应必须在稀酸溶液中进行(HNO_3 因其氧化性会破坏 SCN^-,不能选用)。

2. 面粉中微量元素锌的鉴定

为测定有机物中的金属离子,首先可以将样品在高温下灰化,金属元素以氧化物的形式留在灰分中。再以 HCl 或 HNO_3 溶液溶解、蒸干,金属元素就以相应的盐类形式存在。制成水溶液,即可用于离子鉴定。

锌元素可以用双硫腙法鉴定。双硫腙又称二苯硫代卡巴腙,锌与双硫腙在 pH = 4.5～5 时反应生成紫红色配合物

该配合物能溶于 CCl_4 等有机溶剂中,故可用有机溶剂萃取。

双硫腙是一种广泛使用的配位剂,用它测定离子时,必须考虑其它金属离子的干扰作用,通过控制溶液的酸度和加入掩蔽剂可加以消除。Pb^{2+}、Fe^{3+}、Hg^{2+}、Cd^{2+}、Cu^{2+} 等离子对测定有干扰,可加 $Na_2S_2O_3$ 和盐酸羟胺掩蔽。

3．海带中碘的鉴定

碘可以以很多种不同的价态存在,有些形态是易挥发或不稳定的,海带样品在碱性条件下灰化后,其中的碘被有机物还原为 I^- 离子,可通过如下方法鉴定:

(1)重铬酸钾法。碘化物可在酸性条件下与 $K_2Cr_2O_7$ 反应,析出 I_2

$$6I^- + Cr_2O_7^{2-} + 14H^+ = 2Cr^{3+} + 3I_2 + 7H_2O$$

用 $CHCl_3$ 萃取,I_2 在 $CHCl_3$ 中显粉红色。

(2)亚硝酸钾 – 淀粉法 。在酸性条件下,KNO_2 可将 I^- 离子氧化成 I_2,I_2 与淀粉分子结合,形成蓝色化合物。

4．油条中微量铝的鉴定

样品预处理方法与面粉样品一样,首先把金属元素变成金属离子,再做如下鉴定。

(1)铝试剂法。铝试剂即玫瑰红三羧酸铵,可以与铝离子反应生成红色配合物。

(2)茜素法。茜素磺酸钠在 $pH = 4 \sim 9$ 的介质中与 Al^{3+} 形成红色螯合物沉淀

反应的检出限量为 $0.15\ \mu g$,最低浓度为 $3 \times 10^{-6}\ mol \cdot L^{-1}$。

5．松花蛋中铅的鉴定

参考面粉预处理原理,将金属元素转化为硝酸盐,用双硫腙法鉴定。

在中性或微碱性条件下,双硫腙与铅离子形成一种疏水的红色配合物

配合物可用 CCl_4 萃取。反应灵敏度很高,检出限量为 $0.04\ \mu g$,最低浓度为 8×10^{-7} $mol \cdot L^{-1}$。

三、实验内容

1．大豆中微量铁的鉴定

(1)样品预处理。称取约 3 g 粉碎的大豆粉放入 150 ml 锥形瓶中,加入约 10 ml 浓硫酸,放在电炉上低温加热至瓶内硫酸开始冒白烟,继续加热 5 min,从电炉上取下锥形瓶。稍冷却,使瓶内温度约为 $60 \sim 70℃$,逐滴加 2 ml $w(H_2O_2) = 30\%$ 的 H_2O_2(必须缓慢滴加,以防反应过猛)。加完后放电炉上继续加热 2 min,如果瓶内溶液仍有黑色或棕色物质,再从电炉上取下,稍冷却后再滴加 H_2O_2,随后再加热,如此反复处理,直到瓶内溶液至淡黄色为止。最后再加热 5 min,

以除去过量的 H_2O_2。

(2)硫氰酸铵法。2 ml 样品需 0.2 ml 浓 H_2SO_4、0.1 ml $w(K_2S_2O_8) = 2\%$ 的 $K_2S_2O_8$ 溶液和 1 ml $w(NH_4SCN) = 20\%$ 的 NH_4SCN 溶液。

2．面粉中微量元素锌的鉴定

(1)样品预处理。取约 10 g 标准粉，放入蒸发皿中，放在电炉上低温炭化。待浓烟挥尽后，转移入高温炉中 500℃ 下灰化。当蒸发皿内灰分呈白色残渣时，停止加热。取出冷却后，加 2 ml 6 mol·L^{-1} HCl 或 HNO_3 溶液，在电炉上加热蒸干。冷却后将所得物质加水溶解，即得到样品溶液。

(2)双硫腙法。2 ml 样品溶液，需用 1 mol·L^{-1} HCl 或 HNO_3 溶液调节 pH = 4.5～5，必要时加 2 ml pH = 4.74 的缓冲溶液。另需 0.5 ml $w(Na_2S_2O_3) = 25\%$ 的 $Na_2S_2O_3$ 溶液和 0.5 ml $w(盐酸羟胺) = 20\%$ 的盐酸羟胺溶液掩蔽干扰离子，最后加 5 ml 双硫腙使用液($w(CCl_4) = 0.002\%$ 的 CCl_4 溶液)。

条件具备时，另取 10 g 全麦粉，同上处理、鉴定，并比较结果。

3．海带中碘的鉴定

样品预处理：将除去泥沙后的海带切细、混匀，取均匀样品约 2 g 放入坩埚中，加入 5 ml 10 mol·L^{-1} 浓度的 KOH。先在烘箱内烘干，然后放在电炉上低温炭化，再移入高温炉中，于 600℃ 下灰化至呈白色灰烬。取出冷却后，加水约 10 ml。加热溶解灰分，并过滤。用 30 ml 热水分几次洗涤坩埚和滤纸，所得滤液供鉴定用。

2 ml 样品，加 2 ml 浓 H_2SO_4 和 10 ml 0.02 mol·L^{-1} 的 $K_2Cr_2O_7$ 溶液，摇匀后放置 30 min，然后再加入 10 ml $CHCl_3$，剧烈摇动，静置分层，观察 $CHCl_3$ 层中的颜色。

2 ml 样品需 2 ml 浓 H_2SO_4 酸化、1 ml 淀粉试剂和 2 ml 质量分数为 1% 的 KNO_2 溶液。

4．油条中微量铝的鉴定

样品预处理：取一小块油条切碎放入坩埚内，在电炉上低温炭化，待浓烟散尽，放入高温炉(控制炉温约 500℃)中灰化，到坩埚内物质呈白色灰状时，停止加热。冷却后加入约 2 ml 6 mol·L^{-1} 浓度的 HNO_3 溶液，在水浴上加热蒸发至干，再把所得产物加水溶解，既可用于定性分析。

2 ml 样品中先加 5 滴 $w(巯基乙酸) = 0.8\%$ 巯基乙酸溶液，再加 1 ml 铝试剂缓冲溶液，水浴中加热。

5．松花蛋中铅的鉴定

(1)样品预处理。取一个松花蛋剥壳后放入高速组织捣碎机中，按 2:1 的蛋水比加水，捣成匀浆。把所得匀浆倒入蒸发皿中，先在水浴上蒸发至干，然后放在电炉上小心炭化至无烟后，移入高温炉内，在约 550℃ 条件下灰化至呈白色灰烬。取出冷却后，加 1:1 HNO_3 溶解所得灰分，即成试样。

(2)双硫腙法。用氨水调节试液 pH 值到 9 左右，此时 Pb^{2+} 与双硫腙作用生成红色配合物，加盐酸羟胺还原 Fe^{3+}，同时加柠檬酸铵掩蔽 Fe^{2+}、Sn^{2+}、Cd^{2+}、Cu^{2+} 等，用 CCl_4 萃取后，铅的双硫腙配合物萃取入 CCl_4 中，干扰离子则留在水中。

2 ml 样品需 2 ml $w(HNO_3) = 1\%$ 的 HNO_3 溶液(酸化)、2 ml $w(柠檬酸铵) = 20\%$ 柠檬酸铵溶液和 1 ml $w(盐酸羟铵) = 20\%$ 的盐酸羟铵溶液(掩蔽干扰离子)；用 1:1 氨水调节 pH = 9，加入 5 ml 双硫腙使用液($w(CCl_4) = 0.002\%$ 的 CCl_4 溶液)，剧烈摇动。

四、演示实验

参观并讲解：如何用原子吸收分光光度法定量测定微量金属离子。

五、思考题

(1) 举出另外一种鉴定微量铁离子的方法。

(2) 除面粉外，还有什么食品含有较多锌元素？

(3) 碘酒滴入粥或米汤中，会有什么现象产生？

实验 22　蛋白质的化学性质

一、实验导读

蛋白质在生物体系的构造和化学功能中起着非常重要的作用。例如,头发和结缔组织中的蛋白质起着结构上的作用,另一些蛋白质则提供化学功能,例如激素中的蛋白质,血液中的蛋白质(血红蛋白用于运载氧分子)等。许多蛋白质还起着生物催化剂的作用,协助化学转变过程的进行,这些蛋白质称为酶。

构成蛋白质的氨基酸(α-氨基酸)具有如下的通式

$$R-\underset{\underset{NH_2}{|}}{CH}-\overset{\overset{O}{\|}}{C}-OH$$

R 基可以是 H(甘氨酸),也可以是其它官能团,例如,赖氨酸和谷氨酸的结构式为

$$\underset{\underset{NH_2}{|}}{H_2NCH_2CH_2CH_2CHCOOH} \qquad \underset{\underset{NH_2}{|}}{HOOCCH_2CH_2CHCOOH}$$

$$\text{赖氨酸} \qquad\qquad\qquad \text{谷氨酸}$$

由于氨基酸既有酸性官能团,又有碱性官能团,而且彼此靠得很近,自然可以预料这些基团会相互交换质子(类似酸碱中和)。在水溶液中,氨基酸在很大程度上以偶极离子(或称两性离子)的形式存在,结果使氨基酸具有离子化合物的许多特征。它们往往是高熔点的物质,在水中颇易溶解。由于它们带电荷,故每种电荷的大小都会受到氨基酸所在介质的 pH 值的影响。

羧酸和胺可以发生反应形成酰胺。对氨基酸来说,羧酸和胺这两种官能团存在于同一分子中,结果两个氨基酸分子有可能以头-尾相互反应的方式形成一种酰胺,反应产物在其一端仍旧保持着一个游离的氨基,而在另一端则保持着一个游离的羧基。这样的由氨基酸形成的酰胺叫肽,而这个酰胺键则称为肽键。

$$\underset{\underset{R}{|}}{H_2N-CH}-\overset{\overset{O}{\|}}{C}-OH \; + \; \underset{\underset{R'}{|}}{H_2N-CH}-\overset{\overset{O}{\|}}{C}-OH \longrightarrow \underset{\underset{R}{|}}{H_2N-CH}-\overset{\overset{O}{\|}}{C}-NH-\underset{\underset{R'}{|}}{CH}-\overset{\overset{O}{\|}}{C}-OH \; + H_2O$$

特殊的例子是,由两个氨基酸单元形成一个肽,称之为二肽(见上式)。由三个氨基酸单元形成的肽称为三肽,依次类推乃至多肽。要记住的是,对于所有貌似复杂的肽来说,它们只不过是错综复杂地连在一起的酰胺而已,它们的生成和所能进行的反应都与典型的酰胺相同。

尽管许多生物学上重要的物质都是由几种氨基酸组成的肽,但大多数重要的肽则是由 50 个以上的氨基酸通过肽键联结而成的。由这么多数目的氨基酸形成的多肽称为蛋白质。在蛋白质中,靠肽键联成的氨基酸链可以被折叠成一种特殊的三维结构,这种三维结构使蛋白质在性质上有别于多肽。

氨基酸联结成蛋白质时的联结次序称为初级结构。在每个蛋白质链中,有一个带游离氨基的末端(N-末端)和另一个带游离羧基的末端(C-末端)。对蛋白质初级结构的测定是极

为困难的,因为 20 余种氨基酸实际上有无数个可能的组合。目前只有为数不多的几个蛋白质的初级结构是已知的。

蛋白质的空间立体结构也相当特殊。当蛋白质长链的片段一层层依次靠近在一起的时候,负电性的羧基氧与酰胺官能团的 N—H 键可以靠得非常近,这样 N—H 基团就会与氧之间形成氢键。这种氢键把蛋白质的片段联结起来,这种联结称为蛋白质的二级结构。α-螺旋是蛋白质的最重要的二级结构形式。在 α-螺旋中,肽链成为一个右手螺旋状态,平均每圈含 3.7 个氨基酸残基。

带有 α-螺旋结构的多肽链还可进一步折叠成复杂的三维形状。这些形状是蛋白质的三级结构。三级结构靠许多键维持,其中包括在链中各个位置上的半胱氨酸残基中的硫原子之间的共价键、带电基团间的离子键、官能团之间的极性吸引力、氢键以及非极性基团间的范德华力。这类键中,许多是比较弱的。温度、酸、碱或离子强度太高时都会将它们破坏。当这些键中有一些遭到破坏时,就可使蛋白质链的三维结构发生变化。发生这种情况时,蛋白质就失去其原有的许多性质,亦即发生所谓的变性。烹调时的加热便会使食品的天然蛋白质变性。当它们彻底变性时,我们就说食物"煮熟"了。

虽然蛋白质的生物活性与其空间结构密切相关,其化学反应全然与简单酰胺一样。在酸或碱的水溶液存在下,蛋白质可水解成较小的肽,后者随后又可水解成氨基酸。

二、实验提要

1. 蛋白质的两性性质

氨基酸既有羧基又有氨基,从而起酸或碱的作用,与强酸或强碱成盐。

$$\underset{NH_2}{RCH}—COO^-\ Na^+\ \xleftarrow{NaOH}\ \underset{N^+H_3}{RCH}—COO^-\ \xrightarrow{HCl}\ \underset{N^+H_3}{RCH}—COOH$$

蛋白质也是两性的,在酸或碱溶液中能有某种程度的溶解。这是由于组成蛋白质的某些氨基酸组分具有游离氨基(如赖氨酸和精氨酸)或游离羧基(如天冬氨酸和谷氨酸):

$$\underset{\substack{\displaystyle CH_2\\ \displaystyle COOH\\ 天冬氨酸}}{\overset{\displaystyle H\ \ \ \ \ O}{—N—CH—C—}}\ \underset{\substack{\displaystyle CH_2\\ \displaystyle CH_2CH_2CH_2-NH_2\\ 赖氨酸}}{\overset{\displaystyle H\ \ \ \ \ O}{N—CH—C—}}$$

这些基团能与酸或碱作用,形成蛋白质的可溶性盐。

2. 蛋白质的凝结

蛋白质的 α-螺旋结构是靠蛋白质的一个部位中的氨基酸与另一部位中的另一氨基酸之间的氢键来维持的。这种蛋白质的稳定性可因氢键受物理和化学方法之破坏而被扰乱,于是 α-螺旋就不再折叠了,蛋白质从而沉淀析出。这样的蛋白质被说成是变性了。蛋白质可通过加热或用强酸、酒精使其沉淀(凝结)。

3．与重金属离子反应

银、铅、汞之类的重金属离子通过金属阳离子与蛋白质的游离羧基的结合,可使蛋白质沉淀。硝酸银和氯化汞的防腐作用就是基于它可以使细菌中所存在的蛋白质产生沉淀。

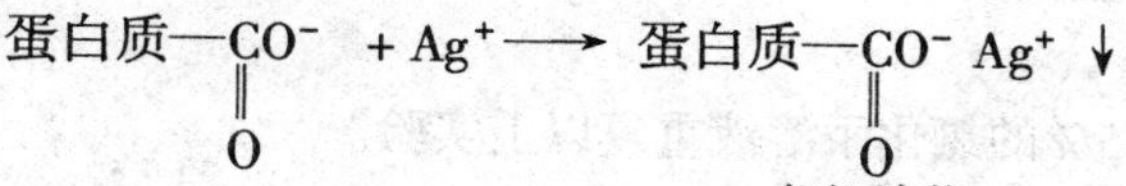

$$蛋白质—CO^- + Ag^+ \longrightarrow 蛋白质—CO^- Ag^+ \downarrow$$

（下标：O）　　　　　　　　（下标：O，银沉淀物）

4．黄色蛋白质试验

某些结合在蛋白质内的氨基酸具有芳香环。这些环发生硝化反应时生成黄色化合物。此颜色在碱性溶液中加深。

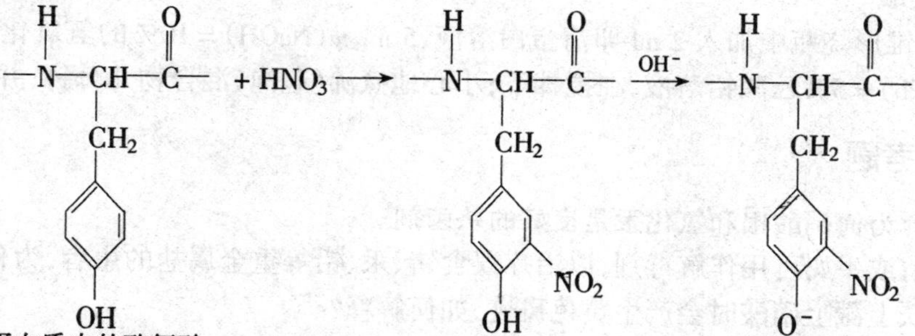

蛋白质中的酪氨酸　　　　　黄色　　　　　深黄色

5．硫实验

胱氨酸的分子中含有硫元素(二硫键),具有含硫氨基酸的蛋白质在碱性溶液中硫键会发生断裂,生成一种无机硫化物。在乙酸铅存在下,生成黑色的硫化铅沉淀。

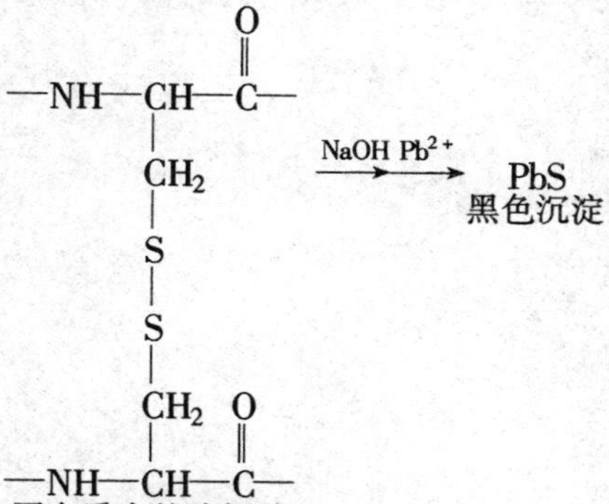

蛋白质中的胱氨酸

三、实验内容

1．蛋白质的两性性质

(1)置0.1 g酪蛋白于试管中,然后向试管加入5 ml水和2 ml $w(NaOH)=10\%$ 的氢氧化钠溶液。塞住试管后剧烈振摇并观察其结果。

(2)向(1)中余下的溶液加入浓盐酸,边加边摇,并观察结果。继续滴加直至加入的酸已达4 ml,将试管塞住,剧烈振摇,并观察结果。

2．蛋白质的凝结

(1)置约2 ml卵清蛋白溶液于试管中,并缓缓煮沸几分钟。观察受热溶液中发生什么现象。

(2)置约 2 ml 卵清蛋白溶液于试管中,并加入 7 ml $w(CH_3CH_2OH) = 95\%$ 的乙醇。观察溶液中发生什么现象。

3. 与重金属离子反应

(1)置约 2 ml 卵清蛋白溶液于试管中,并逐滴加入 $w(AgNO_3) = 2\%$ 的硝酸银溶液。观察溶液中发生什么现象。

(2)用 $w(HgCl_2) = 5\%$ 的氯化汞溶液重复以上实验。

4. 黄色蛋白质试验

置约 2 ml 卵清蛋白溶液于试管中,并加入 10 滴浓硝酸。将混合物温热,并观察颜色之变化。冷却混合物,然后逐滴加入氢氧化钠 10% 直至溶液呈碱性。注意颜色变化。

5. 硫实验

向一小锥形烧瓶中加入 2 ml 卵清蛋白溶液,5 ml $w(NaOH) = 10\%$ 的氢氧化钠溶液和 2 滴 $w(CH_3COOPb) = 5\%$ 乙酸铅溶液,在搅拌下,小心地煮沸(起泡)混合物几分钟,并观察结果。

四、思考题

(1)解释为何硝酸银和氯化汞是良好的杀菌剂。

(2)蛋清或牛奶可用作解毒剂,以治疗误食锗、汞、铅等重金属盐的患者,为什么?

(3)皮肤上溅上硝酸时会产生黄色斑迹,如何解释?

实验 23　茶叶中咖啡因的提取

一、实验导读

咖啡和茶作为饮料的起源已古老得无从考证。据说咖啡是阿比西尼亚一个牧羊人发现的,他看到他的羊吃了某种矮小带红浆果的植物后会反常地活泼蹦跳。他便决定亲自尝一下这种浆果,于是发现了咖啡。阿拉伯人不久后就种起咖啡树来了。最早关于使用咖啡的描述之一是在公元 900 年左右的一本阿拉伯文医书中发现的。

虽然一些专家提出茶叶的医学用途早于公元前 2737 年,在我国的"神农本草"这本药典中已有报道,但第一篇无可争辩的参考资料却是从公元 350 年出现的一本中文字典中见到的。茶树原本长在印度支那北部和印度北部,在输入我国之前就已在这一带被栽植。直到公元 700 年之后,茶树才在我国广泛栽植。

咖啡因是使茶叶和咖啡成为对人类有用处的活性成分之一。咖啡因是一种生物碱,属于一类叫做黄嘌呤类的天然化合物,茶碱和可可碱也属于这一类,其结构式为

咖啡因　　　　　　　　　　茶碱　　　　　　　　　　可可碱

咖啡因对中枢神经系统和骨骼肌有刺激作用。这种刺激的结果是警觉提高,睡眠推延,并促进思考。可可碱对中枢神经系统的作用则比较小,但它却是一种强烈的利尿剂(引起排尿),所以有益于治疗病人的严重积水问题。与咖啡因一起存在于茶叶中的第二种黄嘌呤是茶碱,它是强烈的心肌(心脏的肌肉)兴奋剂,能使冠状动脉扩张。茶碱又称氨茶碱,常用于治疗充血性心力衰竭,也用于减轻和缓和心绞痛。此外,由于它是血管舒张药(使血管松弛),故常用于治疗头痛和支气管哮喘。

有的人会对咖啡因产生耐药性和依赖性。一个喝咖啡成瘾的人(每天超过 5 杯)在停饮 18 h后将会发生嗜睡、头痛甚至恶心等症状。饮服咖啡过度的人可导致焦虑、烦躁、易怒、失眠和肌肉震颤。

咖啡因存在于自然界的咖啡、茶和可拉果中。茶叶中 w(咖啡因) $= 2\% \sim 5\%$。对红茶所做的一次分析曾测得下列物质:w(咖啡因) $= 2.5\%$;w(可可碱) $= 0.17\%$;w(茶碱) $= 0.013\%$;w(腺嘌呤) $= 0.014\%$;还有微量鸟嘌呤和黄嘌呤。咖啡豆中 w(咖啡因) $= 5\%$,可可中 w(可可碱) $= 5\%$。商业上的"可乐"是一种以可拉果提出物为基料的饮料。可口可乐中咖啡因的含量为每盎司 3.5 mg。表 6.2 列出了一些饮料中的咖啡因含量。

表 6.2　一些饮料中的咖啡因含量

饮料名称	咖啡因含量/(mg·g^{-1})
酿过的咖啡	0.63～0.88
速溶咖啡	0.42～0.56
脱去咖啡因的咖啡	0.18～0.35
茶	0.18～0.53
可可*	0.035
可口可乐	0.12

　* 每克可可中另含 0.7 mg 的茶碱。

二、实验提要

　　在本实验中,将从茶叶中分离出咖啡因。茶叶的主要成分是纤维素,后者是所有植物细胞的结构材料。纤维素是葡萄糖的高聚物。由于纤维素实际上不溶于水,故分离比较容易。分离时的主要问题在于咖啡因在茶叶中并非单独存在,而是伴随有其它天然产物,必须将咖啡因与这些物质分开。

　　咖啡因是水溶性的,是溶解到茶水中的主要物质之一。所以可采用回流加热的方法将其萃取到热水中,这一过程称为固-液萃取(操作技术见附录 1.5)。茶树的叶子中,咖啡因的量以质量计多达 5%。丹宁也能溶于用来萃取茶叶的热水中且在热水中会被水解,水解时通常产生葡萄糖和倍酸(五倍子酸)。这类丹宁是倍酸和葡萄糖的酯。存在于茶叶中的还有非水解性的丹宁,它们是儿茶酸的缩合物。

　　当丹宁与咖啡因一同被萃取到热水中时,能水解的丹宁发生部分水解,这意味着游离倍酸也存在于茶中。由于丹宁有酚基,倍酸有羧基,两者都有酸性,如果把碳酸钙加入萃取液中,就生成这些酸的钙盐。

　　萃取咖啡因也可用氯仿、乙醇等有机溶剂进行,并经蒸馏(蒸馏技术见附录 1.6),回收有机溶剂后,进一步烘干、升华,便可得到咖啡因产品。

三、实验内容

　　(1) 称取 10 g 茶叶置于索氏提取器的纸筒中,在圆底烧瓶中加入约 120 ml $w(C_2H_5OH) = 95\%$ 的乙醇,在圆底烧瓶中,水浴加热回流提取 2～3 次,直到提取液颜色较浅时为止(约用 2.5 h),待冷凝液刚刚虹吸下去时停止加热。

　　(2) 把提取液转入蒸馏瓶中,蒸馏至残留液约 10 ml 时,停止蒸馏,把残余液趁热倒入蒸发皿中(可用少量蒸出的乙醇洗一次蒸馏瓶,洗涤液一并倒入蒸发皿中)。

　　(3) 在蒸发皿中另加入 2～3 g 生石灰粉,搅拌成糊状,然后放在蒸汽浴上用小火慢慢烘干(不断搅拌,压碎块状物,并注意不要着火!)。擦去蒸发皿前沿上的粉末(以防止升华时污染产品),蒸发皿上盖一张刺有许多小孔的滤纸(孔刺向上),再在滤纸上罩一玻璃漏斗,漏斗颈部塞一团疏松的棉花,用砂浴或在石棉铁丝网上小心加热升华。当滤纸上出现白色针状结晶时,停止加热,待自然冷却到 100℃ 以下,小心取出滤纸,将附在上面的咖啡因刮下。

（4）如果残渣仍为绿色，可再次升华，直到变成棕色为止。合并几次升华的咖啡因，称重，计算咖啡因在茶叶中的含量。

四、思考题

（1）画出从茶叶索氏提取咖啡因的装置图。

（2）在此实验中，加入生石灰（氧化钙）的作用是什么？

实验 24 阿司匹林的合成

一、实验导读

阿司匹林是现代生活中最常用的药物之一。但是关于这个不可思议的药物我们仍有许多东西没有弄懂。至今仍然无人确切知道它究竟怎样或为什么会起作用,但每年消耗的阿司匹林的量却是惊人的。

阿司匹林的历史开始于 1763 年,当时一位名叫 Edward Stone 的牧师发现柳树皮可以"治疗"疾病,并发表一篇论文。当然,他的柳树皮提取物真正所起的作用是缓解这种疾病的发烧症状。几乎一个世纪以后,一位苏格兰医生想证实这种柳树皮提取物是否也能缓和急性风湿病。最终,发现这种提取物是一种强效的止痛、退热和抗炎(消肿)药。

此后不久,从事研究柳树皮提取物和绣线菊属植物的花(它含同样的要素)的有机化学家分离和鉴定了其中的活性成分,称之为水杨酸。随后,此化合物便能用化学方法大规模生产以供医学上的使用。但是,水杨酸作为一种有机酸,严重刺激口腔、食道和胃壁的粘膜。设法克服这个问题的第一个尝试是改用酸性较小的钠盐(水杨酸钠),但这个办法仅仅取得部分成功。水杨酸钠的刺激性虽然小些,但却有令人极不愉快的甜味,以致大多数病人不愿服用。直到接近 19 世纪末期(1893 年)才出现一个突破,当时在拜耳(Bayer)公司德国分部工作的化学师 Felix Hoffman 发明了一条实际可行的合成乙酰水杨酸的路线。乙酰水杨酸被证明能体现与水杨酸钠有相同的所有医学上的性质,但没有令人不愉快的味道或对粘膜的高度刺激性。拜耳公司遂把它的这个新产品称为阿司匹林(Aspirin)。

水杨酸　　　　　　水杨酸钠　　　　　乙酰水杨酸(阿司匹林)

阿司匹林的作用方式在最近几年才逐渐得到阐明。一组崭新的叫做前列腺素的化合物已被证明与身体的免疫反应有关联。当身体功能的正常运行受到外来物质或受到不习惯的刺激时,会激发前列腺素的合成。这类物质与范围广泛的生理过程有关联,并被认为是负责引起疼痛、发烧和局部发炎的。最近,已经证明阿司匹林能阻碍体内合成前列腺素,因而能减弱身体的免疫反应的症状(例如发烧、疼痛、发炎等)。

阿司匹林药片通常由约 0.32 g 乙酰水杨酸与少量淀粉混合压片而成。淀粉的作用在于使其粘合成片。因为乙酰化后的产物并非毫无刺激性,所以阿司匹林药片通常含有一种碱性缓冲剂,以减少对胃壁粘膜的酸性刺激作用。例如,某种阿司匹林药片含阿司匹林 70%;二羟胺基乙酸铝 10% 和碳酸镁 20%。

现在,单纯的阿司匹林药片似乎少见了,但很多解热止痛药中都含有阿司匹林。例如,一种典型的复合解痛片 APC 含阿司匹林 0.233 g、非那西汀 0.166 g、咖啡因 0.030 g。

二、实验提要

1. 合成

水杨酸(邻羟基苯甲酸)是个双官能团化合物,既是酚(苯环上带有一个羟基),又是羧酸,因此它可以进行两种类型的化学反应。在乙酸酐的存在下,水杨酸中的羟基发生酯化反应,生成乙酰水杨酸(阿司匹林)

有机反应通常进行得不完全,且伴有副反应,双官能团的水杨酸也是这样。主要的副产物是一些高聚物,同时由于反应不完全,或者在分离过程中产物发生水解,水杨酸也是主要的杂质之一。

2. 纯化

结晶出来的乙酰水杨酸粗产品可以用碳酸氢钠溶液纯化,乙酰水杨酸可以溶解在碳酸氢钠溶液中

而高聚物副产品不溶解,可用过滤的办法除去。水杨酸也会溶解在碳酸氢钠溶液中,但在随后的重结晶过程中,可以将水杨酸与产物分离。

水杨酸分子含有酚官能团,与大多数其它酚一样,可以与三氯化铁形成深色络合物。阿司匹林的酚基已被乙酰化,不再发生颜色反应。可以通过这一特点检验水杨酸的存在。

三、实验内容

1. 合成阿司匹林

在台天平上称取 2.0 g(0.015 mol)水杨酸晶体,置于 125 ml 锥形瓶中。加 5 ml(0.05 mol)乙酸酐,接着用滴管加 5 滴浓硫酸。缓缓旋摇直至水杨酸溶解。置沸水浴上缓和加热 5 ~ 10 min。让烧瓶冷却至室温,乙酰水杨酸在此期间应开始从反应混合物中结晶析出。如不结晶,用玻璃棒摩擦瓶壁并置混合物于冰水浴中稍加冷却,直至开始结晶为止。加水 50 ml,并置混合物于冰水浴中冷却,以使结晶完全。

产物通过真空抽滤收集于布氏漏斗上,抽滤的方法参见附录 1.3。用少量冷水洗涤晶体数次,继续抽吸,直至晶体不再带有溶剂。称量粗产品,计算产量和产率。

2. 产品的纯化

首先在四个试管中各加入 5 ml 水,前三个试管中分别溶入几粒苯酚、水杨酸和粗产品晶体。向每一试管加入 1 ~ 2 滴 $w(FeCl_3)$ = 1% 的氯化铁溶液,观察颜色变化。可由此鉴定产品中是否含有水杨酸等杂质。提纯后的产品用第四个试管同上检验,以确定提纯的效果。

　　将粗产品移入 150 ml 烧杯中,加入 25 ml 饱和碳酸氢钠溶液。搅拌至反应完全。用布氏漏斗抽滤,高聚物等不溶杂质留在滤纸上,用 10 ml 水洗涤烧杯和漏斗。

　　另在一 150 ml 烧杯中加入约 15 ml 的 1:3 盐酸溶液(1 份浓盐酸与 3 份水的混合物),在搅拌下小心地将滤液倒入烧杯中,阿司匹林即沉淀而出。置混合物于冰浴中冷却,抽滤,并用冰冷却的水充分洗涤晶体。将晶体转移至表面皿上,待其干燥,称量产物,计算产率,检验纯度。

四、思考题

　　(1) 计算实验中乙酰水杨酸的理论产量。

　　(2) 阿司匹林在热水中会发生水解,产物在 $FeCl_3$ 试验中呈阳性(有显色反应),试说明水解后生成了什么物质?

实验 25　维生素 C 药片中抗坏血酸含量的测定

一、实验导读

维生素 C(Vc)因为能治疗坏血病,故又称抗坏血酸,是一具有六个碳原子的酸性多羟基化合物,其结构式为

$$\underset{O}{\overset{O}{\underset{\|}{C}}}-\overset{OH}{\underset{\|}{C}}-\overset{OH}{\underset{\|}{C}}-\overset{H}{\underset{\|}{C}}-\overset{OH}{\underset{\|}{C}}-\overset{H}{\underset{\|}{C}}-OH$$

Vc 广泛存在于新鲜水果和蔬菜中,人体不能自身合成,必须由食物中摄取。Vc 具有许多对人体健康有益的功能:

(1)Vc 对合成胶元和粘多糖等细胞间质有促进作用,缺乏时伤口不易愈合,骨、齿易于折断或脱落,毛细血管通透性增大,易于引起出血。

(2)参与体内的氧化还原反应,能使 Fe^{3+} 还原成 Fe^{2+},有利于铁的吸收。能使—SH 维持在还原状态,而使含—SH 的酶保持活性。

(3)工业上和药物中的一些毒物,如砷、苯及细菌毒素进入人体时,Vc 可作为解毒剂,有解毒作用。

(4)为酪氨酸分解代谢的辅酶。

(5)促进叶酸变成四氢叶酸。

Vc 尚有许多生理功能,但其机制目前还未清楚。

在日常生活中,常遇到为什么生食物过熟会破坏食物中的 Vc? 为什么过熟的水果不是 Vc 的最好的来源等问题。这是因为 Vc 是一种还原剂,在反应的过程中,极容易被氧化,这样也间接地防止了其它物质被氧化,所以 Vc 也是一种抗氧化剂。虽然人们仍不能准确地掌握 Vc 在人体中的功能,但人们能够利用 Vc 的化学性质,去抑制一定的活性生化氧化物的形成。例如,Vc 可以抑制由吸烟而形成的活性生化氧化剂,可以防止由酶氧化反应而引起的水果腐烂等。

由于 Vc 是一种还原剂,因而它可以把碘(强氧化剂)还原成 I^-

$$I_2 + 2e \longrightarrow 2I^-$$

宏观上可看到棕色的碘液体变成无色液体。当然,在这个过程中,Vc 被氧化成的产物也是无色的。这是此次实验演示部分的主要原理。

Vc 也是一种弱酸,我们可以写出 Vc 和 OH^- 的反应式

$$C_6H_8O_6 + OH^- \longrightarrow H_2O + C_6H_7O_6^-$$

当 Vc 片中没有其它酸的情况下,Vc 的含量可用 NaOH 溶液及酚酞指示剂滴定而得到。这也是此实验的基本原理。

二、实验提要

1. Vc 片的溶解

维生素 C 药片是由维生素和填加剂组成的,其中最重要的填加剂是胶质。本实验分为教师演示和学生单独操作两部分。在教师演示部分中,Vc 片没有必要完全溶解,但在学生滴定

实验中,Vc 必须完全溶解。Vc 片的制作和配方都是经过严密设计的,使得成品不易溶解、不易磨损、不易破碎等,Vc 片不溶于一般溶剂。本实验采取稀释酸催化的方法,使胶质变性,这样 Vc 片才能成为水溶性较高的物质,以便进行纯度的测定。

2. 滴定分析仪器的使用

滴定分析仪器的使用见附录1.2。

3. 安全事项

当 NaOH 溶液溅到实验台或地上时,要立即进行清除,并用水进行冲洗,直到干净为止。注意不要沾到手上,如果沾到手上,用冷水冲洗,直到不感到滑腻为止。装过 NaOH 的仪器,用完后一定要清洗干净。

三、实验内容

1. 教师演示

(1)在培养皿中的 Vc 片上滴一滴碘水,学生传递观看。

(2)用同样的方法,在粉笔上滴一滴碘水,同样在同学中传递观看。

(3)将脱色的 Vc 片放到含 50 ~ 75 ml 水的锥形瓶中,继续加碘,加到可清楚地看到 Vc 片能还原大量的碘为止。用同样的方法对粉笔进行实验,观察现象。如果加少量淀粉溶液到锥形瓶中,观察 Vc 和粉笔还原碘的情况。

2. 学生独立实验

(1)把标准 NaOH 溶液和标准 HCl 溶液分别装入 50 ml 的碱性和酸性滴定管中(两种溶液的浓度大约都是 $0.2\ \text{mol·L}^{-1}$)。

(2)在分析天平上称量 Vc 片的质量。

(3)把称量后的 Vc 片放入干净的 250 ml 锥形瓶中。

(4)向锥形瓶内滴入 10 ~ 20 ml 的 HCl 溶液,准确记录滴定前后滴定管的读数。

(5)用酒精灯在石棉网上加热锥形瓶,温度不得超过 35℃,不能直接在火焰上加热,边加热边稳定摇荡达 10 min,使 Vc 片完全溶解。

(6)向锥形瓶中滴 3 ~ 5 滴酚酞指示剂。

(7)准确读取装有 NaOH 滴定管的起始刻度,用正常速度滴定,当锥形瓶中有粉色现象时,边摇荡边一滴一滴地滴定。最后一滴应使溶液完全变粉,停止滴定,但继续摇荡 1 min,直至没有变化为止,此时为滴定终点。准确记录滴定管终了的刻度。

(8)用第二片重复做以上滴定实验。

四、思考题

(1)在演示实验中,如果在锥形瓶中加少量淀粉溶液的情况下,粉笔不能还原碘,而 Vc 仍能还原,说明了什么?

(2)实验中所用的 HCl 溶液为什么也是标准溶液?

(3)如何计算 Vc 的质量分数?

实验 26　抗酸胃药的抗酸能力的测定（设计实验）

一、实验导读

人类的生存离不开水溶液，人有体液（如血浆、细胞液等）和分泌物液（如唾液、尿等），正常的生理生化过程就是在这些溶液中进行的。无论是人体内部还是外界环境的水溶液，都有一项共同的指标，即呈现一定的 pH 范围，而且常常是较狭窄的范围，详见表 6.3。

表 6.3　人体液及分泌物液的 pH 值

名称	pH 值	名称	pH 值
血浆（静脉）	7.35	胃液	0.90 ~ 1.50
血浆（动脉）	7.40	肠液	7.00 ~ 8.00
间质液	7.40	胰液	7.50 ~ 8.00
细胞液（平均）	6.50	唾液	6.40 ~ 7.00
脑脊髓液	7.34 ~ 7.45	尿	5.00 ~ 8.00
胆汁	7.00 ~ 7.60	乳	6.60 ~ 7.60

经过了世世代代的发展，人体的组织、器官及内部过程已经习惯在一定的 pH 值下进行活动，其间存在着复杂的平衡过程，而氢离子浓度是影响平衡的主要因素之一。一旦由于外来或内在的因素使 pH 值失调，便会破坏体内原有的复杂平衡状态，阻碍正常的生理生化过程，因而产生各种疾病现象。

人体胃液的正常 pH 值在 0.90 ~ 1.50 范围内，如果患有胃炎、十二指肠溃疡等胃肠道疾病时，胃内的酸度一般较高，此时服用抗酸药，能起到中和胃酸、缓解溃疡疼痛的作用，疗效十分明显。目前常用的抗酸药有以下几种：

① 碳酸氢钠（小苏打）。片剂，有 0.3 g/片、0.5 g/片两种，每次 0.3 ~ 1.0 g，每日 1 ~ 3 次，宜在饭后 1 h 服用，服用时应嚼碎，并饮入大量的水。用于胃酸过多及胃肠道疾病。服用碳酸氢钠时间不宜过长，因为 $NaHCO_3$ 中和胃酸，使胃内酸度降低（pH 4 ~ 5），而抑制胃酸酶的活性，使胃的消化过程受到影响，另外，过长时间服用 $NaHCO_3$，对肾脏机能也有影响，可使少数患者产生肾结石。

② 碳酸钙。片剂，0.5 g/片，每次 0.5 ~ 2.0 g，一日 3 次，用于胃酸过多、十二指肠溃疡等病症。其抗酸作用原理为

$$CaCO_3 + 2HCl \rightleftharpoons CaCl_2 + CO_2 \uparrow + H_2O$$

$CaCO_3$ 的抗酸作用缓和而持久，不易引起碱中毒，但 $CaCO_3$ 中和胃酸所产生的 $CaCl_2$ 进入肠内与碱性物质 $NaHCO_3$ 相遇，再生成不溶性的 $CaCO_3$，在肠内易沉淀，并附着于肠粘膜上，使肠的蠕动变慢，而引起便秘。

③ 氧化镁。粉剂，每次 0.2 ~ 1 g，一日 3 次，应于饭前 1 h 服用，饭后服用，不利于食物的消化，用于胃酸过多、十二指肠溃疡及便秘等病症。

氧化镁抗胃酸的作用在胃和肠内不尽相同。

在胃内为

$$MgO + 2HCl \rightleftharpoons MgCl_2 + H_2O$$

在肠内为

$$MgCl_2 + 2NaHCO_3 \Longleftrightarrow 2NaCl + Mg(HCO_3)_2 \Longrightarrow 2NaCl + MgCO_3 + H_2O + CO_2$$

由于镁离子在肠道内不被吸收,形成高渗盐溶液,刺激肠壁,使肠蠕动变快,同时镁盐可吸收水分,易引起腹泻。

④ 氢氧化铝凝胶。白色的粘稠混悬液,含 $Al(OH)_3$ 4%,成人一次服 4~8 ml,一日 3 次。$Al(OH)_3$ 抗酸能力较强,中和胃酸作用缓慢而持久,因此饭前 10 min 服用为宜。$Al(OH)_3$ 凝胶附着在胃粘膜表面,吸附胃酸,发挥持续的抗胃酸作用,并保护溃疡面。中和产物氯化铝有收敛作用,可防止溃疡面出血,但在肠中的收敛作用可致便秘。

⑤ 三硅酸镁。片剂,0.3 g/片,每次 0.3~0.9 g,一日 3 次。用于胃及十二指肠溃疡、胃酸过多及其它胃肠疾病。三硅酸镁中和胃酸作用缓慢而持久,但抗酸能力较弱。

在胃中的反应为

$$MgSi_3O_8 + 4HCl \Longrightarrow 2MgCl_2 + 3SiO_2 + 2H_2O$$

在肠中的反应为

$$MgCl_2 + 2NaHCO_3 \Longleftrightarrow 2NaCl + Mg(HCO_3)_2$$

$$\Longrightarrow 2NaCl + MgCO_3 + H_2O + CO_2$$

三硅酸镁在中和胃酸时产生胶状的 SiO_2,可以覆盖在胃、十二指肠表面,起保护作用,并能吸收游离酸。但也具有轻泻作用,不宜长期、大剂量服用。

在本实验中,你将有机会去试验这些药品的抗酸本领。

二、实验提要

抗酸胃药的抗酸能力测定可采用酸碱滴定的方法来进行。不过应该指出,简单的中和酸的能力不能作为选择药剂的惟一标准。还应该注意生理效应的平衡,减少不必要的副作用。

胃酸的正常 pH 值较低,因此在试验这些药剂时,并不需要测量这些药剂 pH 值提高到中性 pH = 6~7 时的本领,而是需要求出它们把 pH 刚好变到高于 3 时的本领。可考虑的一种方法是将药片溶解在水中,然后加酸直到 pH < 3。一种较好的方法是返滴定法。向样品中加入过量的酸,使其 pH < 3,然后再用碱来滴定过量的酸。

三、实验要求

(1)选择样品的称量方法和应该称量的质量。

(2)选择酸或碱溶液以及酸碱指示剂。

(3)确定样品的测定方法,并进行实验。

(4)根据实验结果计算和比较各类抗酸胃药的抗酸能力。

四、思考题

本实验中,选择指示剂的根据是什么,选择不同的指示剂,如甲基橙、甲基红、酚酞,对你的测试结果有什么影响?

第七编　工业应用化学

实验 27　钢中锰含量(w_{Mn})的测定

一、实验导读

1. 钢材的化学成分

钢铁是由多种元素组成的合金,除铁元素外,普通钢材中还含有碳、硅、锰等元素。而合金钢则可能含有铬、钛、镍、钼、钒等元素。钢材中通常还有硫、磷等有害元素,需要严格控制其含量。一些黑色金属材料的化学成分见表 7.1。

表 7.1　常见黑色金属材料的化学成分

钢　号	w(化学成分)/%							
	C	Si	Mn	Cr	Ti	Ni	S	P
A₃	0.14 ~ .022	0.12 ~ 0.30	0.35 ~ 0.65				≤0.045	≤0.050
20#	0.17 ~ 0.24	0.17 ~ 0.37	0.35 ~ 0.65	0.25		0.25	≤0.040	≤0.040
45#	0.42 ~ 0.50	0.17 ~ 0.37	0.50 ~ 0.80	0.25		0.25	≤0.040	≤0.040
65 Mn	0.62 ~ 0.70	0.17 ~ 0.34	0.90 ~ 1.20	0.25		0.25	≤0.040	≤0.040
40 Cr	0.37 ~ 0.44	0.17 ~ 0.37	0.50 ~ 0.80	0.80 ~ 1.10			≤0.040	≤0.040
1 Cr18 Ni9Ti	≤0.12	≤2.00	≤0.80	17 ~ 19	≈0.8	8.0 ~ 11.0	≤0.030	≤0.035
20CrMnTi	0.17 ~ 0.23	0.17 ~ 0.37	0.80 ~ 1.10	1.00 ~ 1.30	0.04 ~ 0.10			
2Cr13	0.16 ~ 0.25	≤1.00	≤1.00	2.00 ~ 14.00			≤0.030	≤0.035

普通钢材中 $w(Mn) = 0.3\% ~ 0.8\%$,$w(Mn) = 0.9\% ~ 1.2\%$ 时,称高含锰钢。

钢铁的化学成分分析给钢铁冶炼过程提供了必须的信息,是调整和控制钢铁化学组成和确保冶炼质量的依据。

2. 吸光光度分析

吸光光度法是基于物质对光的选择性吸收而建立起来的分析方法,包括比色法、可见分光光度法、紫外分光光度法以及红外光谱法等。本实验所涉及的是可见光区的吸光光度分析法。

可见光光度分析的基本原理是基于吸光定律,也称朗伯-比尔定律。当一束一定波长的单色光通过有色溶液时,有色溶液对光的吸收程度与溶液的浓度及液层的厚度成正比。其数学表达式为

$$\lg \frac{I_0}{I_t} = Kcl$$

式中　I_0——入射光的强度;

　　　I_t——通过溶液后光的强度;

　　　c——有色溶液的浓度;

　　　　l——有色溶液层厚度；

　　　　K——比例系数。

　　如果光线通过溶液完全不被吸收，则 $I_0 = I_t$，这时 $\lg(I_0/I_t) = 0$；光线被吸收得越多，通过溶液后光的强度 I_t 越小，则 $\lg(I_0/I_t)$ 的数值越大。因此这一项是表示光线通过溶液时被吸收的程度，通常称为吸光度，也称光密度或消光度，用 A 表示；比例常数 K 也称吸光系数，与入射光的波长、溶液的性质以及温度有关。将 $\lg(I_0/I_t)$ 用 A 表示，则有

$$A = Kcl$$

固定液层厚度 l 保持不变，则吸光度与溶液的浓度成正比。故测出有色溶液的 A，就可以求出它的浓度。

　　可见光度分析有目视比色法和分光光度法两种分析方法。

　　与容量分析和质量分析相比较，吸光光度分析法有以下特点：灵敏度高、测量速度快、应用广泛，各种元素几乎都可以用光度法测定。容量分析法和质量分析法通常用于测定含量较高（一般在 1% 以上）的物质，用于微量组分的分析较困难。而比色分析法则主要用于微量组分的分析，比色分析测量物质的浓度一般为 $10^{-5} \sim 10^{-6}$ mol·L^{-1}（相当于 0.001% ~ 0.000 1%）。

二、实验提要

1.目视比色法

　　用眼睛直接观察溶液颜色的深浅，以确定物质含量的方法叫做目视比色法。首先在比色管中配制一系列不同浓度的标准溶液，将标准溶液系列和被测溶液在同样条件下进行比较，当被测溶液与某标准溶液颜色的深浅一样时，则可认为两者的浓度相等。这样，由标准溶液的浓度就可知道被测溶液的浓度。

　　目视比色法的优点是仪器简单、操作方便，因为液层厚，观察很浅的颜色比较合适。缺点是用眼睛观察颜色，分辨率受到一定的限制，因此准确度较差。通常误差为 5% ~ 20%。

2.分光光度法

　　利用光电池代替人的眼睛，测量有色溶液对某一波长的单色光的吸收程度，从而求得待测物质含量的方法叫分光光度法。这种方法的优点是消除了主观误差，提高了测量的准确度。

　　分光光度法测定试样浓度，首先要作标准曲线，即配制一系列不同浓度的标准溶液，测定其光密度值，然后以光密度为纵坐标，以浓度为横坐标，绘制标准曲线（图 7.1）。然后在相同条件下测定未知试样的光密度 A_x 值，由光密度可从标准曲线上找出相应点 x，点 x 对应的浓度值 c_x 即为待测溶液的浓度。

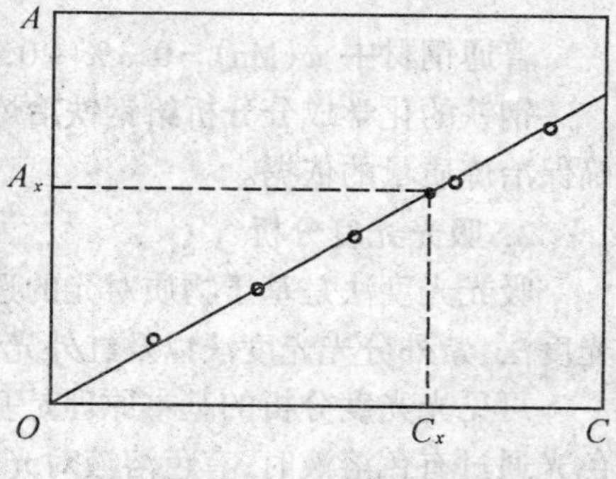

图 7.1　光密度与浓度的关系

3.钢样中锰含量测定的化学反应原理

　　将一定质量的钢样用混合酸（含 HNO_3、H_2SO_4 和 H_3PO_4）溶解，再用过硫酸铵（$(NH_4)_2S_2O_8$）做氧化剂，使溶于酸中的锰氧化成具有特征颜色的高锰酸根（MnO_4^-）。为了加速反应的进行，常加入硝酸银做催化剂，化学反应式为

$$Fe + 6HNO_3 \longrightarrow Fe(NO_3)_3 + 3NO_2\uparrow + 3H_2O$$

$$Mn + 4HNO_3 \longrightarrow Mn(NO_3)_2 + 2NO_2\uparrow + 2H_2O$$

$$2Mn(NO_3)_2 + 5(NH_4)_2S_2O_8 + 8H_2O \longrightarrow 2HMnO_4 + 5(NH_4)_2SO_4 + 5H_2SO_4 + 4HNO_3$$

钢样溶解后产生的 $Fe(NO_3)_3$ 为黄褐色,会干扰比色的进行,混合酸中的 H_3PO_4 可与 $Fe(NO_3)_3$ 形成无色的配合物,因此 H_3PO_4 在此反应中是作干扰物质 Fe^{3+} 的掩蔽剂

$$Fe(NO_3)_3(黄褐色) + 2H_3PO_4 \longrightarrow H_3[Fe(PO_4)_2](无色) + 3HNO_3$$

溶液呈现不同颜色是由于物质对光具有选择性吸收所造成的,高锰酸根溶液对绿色光有强烈的吸收,因此高锰酸根溶液呈现出绿光的互补色——紫红色。由于有色物质具有选择吸收光的特性,故吸光光度分析都是选择被测溶液吸收最大的单色光所相应的波长来进行分析,这样能因溶液浓度的微小变化而引起吸光度的较大变化,即比色分析的灵敏度较高。分析高锰酸根溶液可以选择 530 nm 的单色光。

4. 实验仪器

本实验使用 721 型(或 722 型)分光光度计进行分析,该仪器在可见光范围(420~700 nm)工作。分光光度计的原理和使用方法见附录 2.3。

三、实验内容

1. 标准系列溶液的配制

将所用的比色管、容量瓶、滴定管及烧杯用自来水洗净后,再用少量蒸馏水冲洗。从共用滴定管中取 5.00 ml 标准高锰酸钾溶液(浓度以标签所示)直接放入 100 ml 容量瓶中,加水稀释至刻度,盖上瓶塞混合均匀。

将上述配制的溶液注入洗净的滴定管中,然后从滴定管中分别取 5.00 ml、10.00 ml、15.00 ml、20.00 ml 和 25.00 ml 溶液分别放入 5 个比色管中,加水稀释至刻度,混合均匀。此时 5 个比色管内的 50.00 ml 溶液中含锰量分别为 0.25 mg、0.50 mg、0.75 mg、1.00 mg、1.25 mg。

2. 待测试样的配制

取一洗净的小烧杯(用滤纸擦干),用分析天平准确称取 0.120 0~0.140 0 g 钢样,加入 15 ml 混合酸(用量筒量取,无须准确,为什么?),于电炉上缓慢加热,至钢样全部溶解。取下,稍冷,再加入 10 ml 蒸馏水,加入 5 ml $w(AgNO_3) = 1\%$ 的 $AgNO_3$ 溶液和 15 ml $w((NH_4)_2S_2O_8) = 15\%$ 的 $(NH_4)_2S_2O_8$ 溶液,再加热煮沸至转变为紫红色,继续煮沸 1~2 min,取下,用冷水冷却。然后将小烧杯中的溶液全部移入 50 ml 比色管中(怎样才能使溶液转入比色管时没有损失),加蒸馏水至刻度,摇匀。

3. 目视比色

将待测试液与标准系列进行比较,找出它与标准系列中哪一比色管的颜色深浅相近,从而大致确定出锰的含量。若待测溶液的颜色介于标准系列中的两个比色管之间,则锰的含量就处在这二者之间,大致估计一下锰含量的范围。

4. 空白液的配制

在分光光度分析中,常利用空白液调节仪器的光密度零点,消除待测试样溶液中其它有色物质的干扰,抵消比色皿和试剂对入射光的影响等。倒取 5 ml 左右的待测试样于小烧杯中,加 1~2 滴 1 mol·L^{-1} H_2SO_4 溶液,再逐滴加 $w(NaNO_2) = 1\%$ 的 $NaNO_2$ 溶液。直至溶液的紫红色刚好褪去即得空白液。

5. 吸光度的测定

利用 721 或 722 型分光光度计,在波长为 530 nm 时,用 1 cm 比色皿以空白液作对照进行测量。在使用分光光度计之前,请详细阅读附录 2.3、2.4。

首先以蒸馏水为空白液测定标准系列的吸光度,作出吸光度与浓度的标准曲线,然后以待测试样配制的空白液作参比测定待测液的吸光度值,再从标准曲线上查出相应的浓度,即得被测钢样中锰的含量。

6. 数据处理

钢样中锰的质量分数可通过下式计算

$$w(\text{Mn}) = (\text{Mn 量}/\text{钢样重}) \times 100 \%$$

实验数据可以用计算机进行处理,启动相应的计算程序,将 5 个标准溶液的浓度及相应的吸光度输入到计算机中,再把待测试样的吸光度值输入到计算机中,计算机即可绘制出曲线,给出实验数据的偏差情况,并计算出钢样中锰的质量分数。

建议同学自己编制数据处理软件,有关线性回归的源程序代码(C 语言)列在附录 3.2 中,供编程者参考。

四、思考题

(1) 什么叫吸光光度分析法? 其基本原理是什么?

(2) 为什么要配制标准溶液,并测定其吸光度? 如何配制标准系列溶液?

(3) 如何把钢样变成有色溶液? $(NH_4)_2S_2O_8$、$AgNO_3$ 和 H_3PO_4 各起什么作用?

(4) 使用比色皿时应注意什么?

实验 28　油脂中酸值的测定

一、实验导读

　　油脂普遍存在于动物脂肪组织和植物的种子中。习惯上,把室温下呈固态的称为脂,呈液态的叫油。在正常饮食中,人体吸收的热量约有 25%~50% 来自脂肪和油。每克脂肪在代谢时能产生约 39.76 kJ 的能量(碳水化合物和蛋白质产生的能量不及此数之半)。当从食物中摄取的能量超过人体需求量时,多余的能量会以脂肪形式在体内集积起来,作为能量储备。不幸的是,当今,这一过程常常给人们带来烦恼。

　　油脂是高级脂肪酸甘油酯的通称,常以下式表示

$$\begin{array}{l} CH_2-O-\overset{\displaystyle O}{\overset{\|}{C}}-R \\[4pt] CH-O-\overset{\displaystyle O}{\overset{\|}{C}}-R' \\[4pt] CH_2-O-\overset{\displaystyle O}{\overset{\|}{C}}-R'' \end{array}$$

　　如果 R、R′、R″ 相同,称为单甘油酯;R、R′、R″ 不同,则称为混合甘油酯。天然油脂大都为混合甘油三酸酯,成分中含有少量游离脂肪酸、高级烃、维生素及色素等。

　　组成甘油酯的脂肪酸种类很多,大约有 20~30 种,但绝大多数都是含偶数碳原子的直链羧酸,其中有饱和的,也有不饱和的(含有双键)。现已从油脂水解中得到的有 C_4~C_{26} 的各种饱和脂肪酸和 C_{10}~C_{24} 的各种不饱和脂肪酸。脂肪酸的饱和与否,对其所组成的油脂的熔点有一定的影响,液态油比固态脂肪含有较多的不饱和脂肪酸甘油酯。

　　纯净的油脂是无色、无臭、无味的,但是一般油脂,尤其是植物性油脂,通常带有香味或特殊的气味,并且有颜色,这是因为天然油脂中往往含有维生素和色素之故。

　　油脂难溶于水,比重小于 1 g·cm^{-3},易溶于乙醚、石油醚、氯仿、苯及乙醇等有机溶剂中。因为油脂是不同的甘油三酸酯的混合物,所以没有恒定的熔点和沸点。事实上,油脂的组成随植物生长的地区或动物的食物构成的不同而有所变化。

　　油脂在空气中放置过久就会变质,产生一种特殊的气味。这种变化叫油脂的酸败。酸败是由空气中的氧、水分或霉菌的作用引起的。油脂中不饱和酸的双键部分受到空气中氧气作用发生加成反应,生成过氧化物,过氧化物继续分解或氧化产生具有特殊气味的低级醛和羧酸。光和热或湿气可以加速油脂的酸败。

　　发生酸败,不仅影响油脂的气味,还会破坏脂溶性维生素(维生素 A、D、E、K 等),所产生的低分子醛、酮、酸对人体健康有害。在工业生产中,一些工业用油随着脂肪酸含量的增加,绝缘性能下降,并对金属材料产生腐蚀。

　　油脂酸的败程度是以酸值(或称酸价)来衡量的。酸值是指中和 1 g 油脂中的游离脂肪酸所需消耗氢氧化钾的毫克数。酸值的大小反映了脂肪中游离酸含量的多少。我国卫生标准规定:大豆油、菜子油、花生油的酸值不得高于 4 ,棉子油的酸值最大限度为 1 。

二、实验提要

1.酸值的标准分析法

酸值的标准分析方法是酸碱滴定法。本法取自国标 GB 5530—85(植物油脂检验　酸值测定法),要求同学们在预习过程中详细阅读附在后面的国标。有关的操作请参考实验二(溶液的配制与酸碱滴定)的内容。测定的关键步骤包括取样方法、油脂的溶解和酸值的滴定分析。

实验步骤

(1) 取样。将油脂样品放入 50 ml 带滴管的试剂瓶中,用减量法称取 2 份样品,每份约 2~3 g,样品可直接放入锥形瓶中。

(2) 溶样。用无水乙醇或中性醇醚混合液溶解油脂样品。

(3) 滴定。用已知浓度的 KOH 乙醇溶液作滴定剂,测定油脂酸值。选择酚酞溶液作指示剂。

三、实验内容

精确称量 2 份各约 2~3 g 油脂样品,分别加入两只 250 ml 锥形瓶中,加 30 ml 无水乙醇,振摇,使其溶解。如溶解不完全,可于水浴上微热。冷却后加入 3 滴酚酞指示剂。

在滴定管中注入标准 KOH 乙醇溶液,记下初始读数。

注意:正确清洗和使用移液管和滴定管的方法(参阅附录 1.2)。

用 KOH 标准溶液滴定油样,滴定至出现微红色且 30 s 不褪色即为终点,记录消耗 KOH 溶液体积的毫升数。

重复操作一次,记录消耗 KOH 溶液体积的毫升数。若两次滴定数据相差太大(不应大于 0.2 ml),查找造成误差的原因,改正后重新滴定。

计算

$$酸值 = \frac{V \times c \times 56.11}{W}$$

式中　c——KOH 标准溶液浓度(mol·L^{-1});

　　　V——消耗 KOH 标准溶液的体积(ml);

　　　m——样品质量(g);

56.11——KOH 物质的量。

四、思考题

(1) 酸值的定义是什么?

(2) 如何精确标定 KOH 乙醇溶液的浓度?

附:中华人民共和国国家标准　GB 5530—85

植物油脂检验　酸价测定法

本标准适用于商品植物油脂酸价的测定。

酸价指中和 1 g 油脂中的游离脂肪酸所需氢氧化钾的毫克数。

1　仪器和用具

1.1　滴定管；

1.2　锥形瓶：250 ml；

1.3　试剂瓶；

1.4　容量瓶、移液管、称量瓶等；

1.5　天平：感量 0.001 g。

2　试剂

2.1　0.1 mol·L^{-1}氢氧化钾(或氢氧化钠)标准溶液；

2.2　中性乙醚－乙醇(2:1)混合溶剂：临用前用 0.1 mol·L^{-1}碱液滴定至中性。

2.3　指示剂 w(酚酞) = 1%酚酞乙醇溶液。

3　操作方法

称取均匀试样 3～5 g(W)注入锥形瓶中，加入混合溶剂 50 ml，摇动使试样溶解，再加三滴酚酞指示剂，用 0.1 N 碱液滴定至出现微红色在 30 s 不消失，记下消耗的碱液毫升数(V)。

4　结果计算

油脂酸价按下列公式计算

$$酸价(mg\ KOH/g\ 油) = \frac{V \times c \times 56.1}{W}$$

式中　V——滴定消耗的氢氧化钾溶液体积(ml)；

　　　c——氢氧化钾溶液的浓度；

　　　56.1——氢氧化钾物质的量；

　　　W——试样量(g)。

双试验结果允许误差不超过 0.2 mg KOH/g 油，求其平均数，即为测定结果，测定结果取小数点后第一位。

注：① 测定深色油的酸价，可减少试样用量，或适当增加混合溶剂的用量，以酚酞为指示剂，终点变色明显。

　　② 测定蓖麻油的酸价时，只用中性乙醇不用混合溶剂。

实验 29　污染糖中 KHP 含量(w_{KHP})的测定

一、实验导读

分析某物质中杂质的质量分数,或者说分析某物质的百分纯度是实际中经常要解决的问题。如果制造食糖的厂家或者销售食糖的销售公司,当发现食糖被 KHP〔邻苯二甲酸氢钾,$KHC_6H_4(COO)_2$〕所污染,他们一定会在被控告之前,诚请化学工作者来准确地分析污染了的糖中 KHP 的含量的多少,因为 KHP 虽然无毒,但长期食用亦有致癌的危险,因而彻底解决此类问题,控制产品的质量,在生产和贸易中是极其重要的。在这类定量分析中一般最常用、最基本的分析方法是酸碱滴定法。

用酸碱滴定法可以测定能与酸或碱直接或间接发生中和反应的物质的含量。此方法不需要复杂的仪器,由于此方法具有经济简便、快速准确的特点,因而被广泛地采用。通常采用的仪器主要有滴定管(酸式或碱式)、容量瓶、移液管和锥形瓶。本实验通过测定污染糖中 KHP 的百分含量,使学生理解酸碱滴定的原理、熟悉滴定仪器的使用方法和掌握滴定的基本操作技术。

本实验中,在用酸碱滴定法来分析污染糖中 KHP 的质量分数之前,我们用红外光谱的不同官能团的吸收峰来定性确认糖的污染。下面把红外光谱分析法原理简单作以介绍。

世界上任何物质都是运动着的,构成物质的微观粒子也不例外,微观粒子的变化直接与电磁波发生联系,由电磁波按波长或频率有序排列的光带称为光谱,基于测量物质的光谱而建立的分析方法称为光谱分析法。

原子不同能级的跃迁,其能量不同,所辐射的电磁波波长也不同。分析化学经常使用的红外光谱一般指 2～25 μm 之间的吸收光谱。在该光谱区所实测的图谱是分子的振动与转动的加和表现,即所谓的振转光谱。由于物质的结构不同,能级结构也不相同,因而各物质的振转光谱也不相同,而各自具有各自的特点,所以我们可以利用红外光谱来分析物质的组成和结构。分析的方法是通过区辨不同物质的不同的吸收峰来实现的。红外光谱的吸收强度既可用于定量分析,也可用于定性分析。

对用于红外光谱的测试样品有一定的要求,一般用于测试的样品类型有:气体、液体、固体和聚合物等类型。

红外光谱分析广泛用于化合物的鉴别和质量控制。在药物、染料、香料、农药、有机试剂、感光材料、炸药、助剂以及橡胶、塑料、合成纤维等高分子合成材料领域中,它都是重要的分析手段。此外在环境监测、法医检验、未知物剖析等项工作中也是不可缺少的工具。各国药典都将红外光谱作为法定药物鉴别的重要方法。

二、实验提要

1.KHP 在样品中质量分数的计算

糖可以与稀 NaOH 溶液反应,但这种反应相当慢,慢到我们可以忽视的地步。因而我们可以用已知浓度的 NaOH 来滴定糖中的 KHP(酸碱滴定),从而用下列过程计算出 KHP 在样品中的质量分数:

(1)分子反应方程式为

$$KHP(aq) + NaOH(aq) \longrightarrow KNaP(aq) + H_2O(l)$$

(2)由于 KHP 作为纯固体,所以用在滴定过程的物质的量数

$$n(\text{KHP}) = W_{\text{KHP}}/204.22$$

（3）由于 NaOH 作为溶液，所以用在滴定过程的物质的量

$$n(\text{NaOH}) = V \times c(\text{NaOH})$$

这里 V 是 NaOH 溶液滴定过程消耗的体积，单位为 L；c 是 NaOH 的浓度，单位为 $\text{mol} \cdot \text{L}^{-1}$。

（4）滴定终点时

$$W_{\text{KHP}} = c(\text{NaOH}) \times V \times 204.22 = \frac{1}{1\,000} \times c(\text{NaOH}) \times V \times 204.22$$

这里 V 的单位为 ml。

（5）KHP 在样品中的质量分数

$$w(\text{KHP}) = (W_{\text{KHP}}/W_{\text{样品}}) \times 100\%$$

2. 滴定操作及仪器的使用

滴定操作及仪器的使用见附录 1.2。

3. 标准液的稀释

标准液的稀释参见实验 2。

4. 安全事项

（1）有关 NaOH 的安全事项见实验 2。

（2）KHP 和污染糖是无毒的，但不能吸入口内和食用。KHP 是粉末，操作时注意，不要形成尘埃。

三、实验内容

1. 糖污染的定性鉴别

观察比较糖污染前后的红外光谱图。

2. 标准 NaOH 溶液的稀释

用 30 ml 烧杯取已备的标准 NaOH 溶液，然后用 20 ml 移液管吸取该溶液，注入用蒸馏水洗净的 100 ml 容量瓶中，充分摇匀备用（移液管、容量瓶的使用见附录 1.2）。

3. 污染糖液的配制

取 2 g 左右的污染糖，放到 150 ml 的大烧杯中，用 100 ml 的蒸馏水把它完全溶解。

4. 滴定过程（KHP 质量分数的测定）

（1）用 10 ml 移液管吸取稀释好的 NaOH 标准液，移注到锥形瓶中，加入 1 滴酚酞指示剂，振荡混合均匀。（同时取两份）

（2）把污染糖液注入 50 ml 滴定管中。

（3）把锥形瓶放到滴定管下，进行滴定。

（4）此滴定平行做二次，二次结果误差应尽量小。

详细操作过程见附录 1.2。

四、思考题

（1）滴定管、移液管在使用前为什么必须用所取溶液洗？本实验所使用的锥形瓶、容量瓶是否也要做同样的处理？为什么？

（2）滴定过程中，用水冲洗锥形瓶内壁是否影响反应终点？为什么？

（3）如何正确读取滴定管的刻度？

实验 30 化学蚀刻法制作印刷电路板

一、实验导读

随着计算机、无线电、自动控制等电子技术的迅猛发展,电子器件的生产及工艺过程的新技术不断涌现,如电子技术中的精密微型分子及电路工艺。但到目前为止,20世纪初开始出现的印刷电路仍是电子技术中一种普遍应用的工艺过程。在制作印刷电路的工艺技术中,化学蚀刻法是最常见的一种。

人们在研究防止金属腐蚀方法的同时,也在积极研究如何利用金属腐蚀来为人类创造价值。工程技术中常利用腐蚀原理进行材料加工。化学蚀刻不仅适用于难切削的不锈钢、钛合金、钼合金等,而且更广泛应用于印刷电路的铜布线腐蚀和半导体器件与集成电路制造中的精细加工。

印刷电路是在塑料板上粘贴一层铜箔,用类似印刷的方法,将需要保留的图纹覆盖一层抗腐蚀性物质,制成印刷电路的图纹。未覆盖保护层的铜箔部分用化学蚀刻法除去后,便制得印刷电路,如图 7.2 所示。

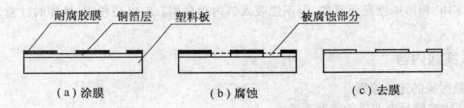

（a）涂膜　　　　　　　　（b）腐蚀　　　　　　　　（c）去膜

图 7.2　印刷电路板蚀刻示意图

本实验通过印刷电路板的制作了解化学蚀刻在金属材料加工中的重要意义,掌握化学蚀刻法加工印刷电路板的原理和方法,并进一步理解电极电势与氧化还原反应的关系。

二、实验提要

零件经去油除锈处理后,常用氯丁橡胶或聚乙烯醇等溶液涂在不需要腐蚀部分的表面固化后形成耐蚀胶膜的高分子包覆层(本实验用不干胶代替),再用特殊的刻画刀将准备腐蚀加工处的耐蚀层去掉,浸入蚀刻液中,将未包裹部分腐蚀掉,以达到挖槽、开孔等定域加工之目的。其原理如图 7.2 所示。

由于 Cu^{2+}/Cu 电对的电极电势($\varphi^{\ominus}_{Cu^{2+}/Cu} = 0.34$ V)小于 Fe^{3+}/Fe^{2+} 电对的电极电势($\varphi^{\ominus}_{Fe^{3+}/Fe^{2+}} = 0.77$ V)。因此铜在三氯化铁溶液中能被腐蚀掉。其中 Cu 作还原剂被 Fe^{3+} 氧化为 Cu^{2+},而三氯化铁中的 Fe^{3+} 作氧化剂,反应后被还原为 Fe^{2+}。

反应式为　　　　　　　　$2FeCl_3 + Cu = 2FeCl_2 + CuCl_2$

三、实验内容

1.除锈

用去污粉将敷铜板表面擦亮。

2.涂胶

将不干胶平整地贴在敷铜板上,并用铅笔或刻刀刻上电路图。除去非电路部分。

3.腐蚀

用镊子夹住绘好的敷铜板边缘放入盛有 $FeCl_3$ 溶液的烧杯中腐蚀,同时用酒精灯加热 $FeCl_3$ 液至 353 K 左右(溶液上方有蒸汽出现,即可停止加热)。腐蚀过程中经常晃动敷铜板。直到敷铜板上非电路部分的铜全被腐蚀掉为止。

4.去胶

将腐蚀完的敷铜板取出,用自来水洗净,揭去不干胶,然后用去污粉洗净。即得到印刷电路板。

四、思考题

(1)金属铜被 $FeCl_3$ 溶液腐蚀是化学腐蚀还是电化学腐蚀?

(2)用 $FeCl_3$ 腐蚀铜是否一定要比较电极电势?

实验 31　塑料表面镀金属

一、实验导读

非金属材料电镀技术,早在 100 多年前就为人们所了解。1835 年,利佰格(Liebig)用醛还原银时,发现了银镜反应——玻璃上沉积银。1884 年,罗伯(Rober)和阿穆雷格(Amurrag)把石墨涂在非金属材料表面,使它们导电,然后,经过电沉积得到铜的雕刻板。从此以后,非金属材料电镀技术逐渐发展起来,特别是近 20 年以来,随着塑料工业和电子工业的高速发展,非金属材料电镀技术也迅速发展,至今已成为一门新型的专门技术。

金属电镀是用电化学方法,在基体金属的表面上沉积一层金属或合金,以达到防护、装饰或获得某些新性能的目的,也称为常规电镀。非金属材料电镀一般是先通过化学镀的方法,在非金属材料表面上形成导电膜,然后进行常规电镀,以加厚膜层,使之具有非金属和金属材料两者的优点。

非金属材料电镀中,塑料电镀占的比重最大,其中又以 ABS 塑料为主。塑料电镀件因具有耐蚀、耐磨、导电、美观、轻便等性能,应用越来越广泛,已由日用品和家用电器,延伸到各个工业部门和尖端科学技术领域。其具体应用情况如下:

(1)日常生活用品。目前,塑料电镀件广泛用作日常生活用品,如手提包上的装饰件、衣服纽扣、厨房用具、洗手间设备、纪念章,等等。

(2)电子和电气工业。塑料电镀件在电子和电气工业中,已普遍使用,如电视机、电冰箱、洗衣机、音响等家用电器上的各种旋钮、按钮、换向开关、装饰板、装饰框,以及各种仪器、设备上的铭牌、印刷线路板、仪器内部的小型结构件、屏蔽罩等。在聚酯薄膜上镀以磁性镀层,如镍钴或镍铁合金镀层之后,可用来制作印刷线路板、静电扩音器、电子计算机中的磁性"记忆"元件等。

(3)汽车工业。塑料电镀件用于汽车工业的目的,主要是减轻质量、增加运载能力,其次是替换某些金属装饰件,提高装饰件的耐蚀性,保持其长久美观,如可用作空调装置外壳、挡泥板、扶手、仪表板、反射镜、门柄等等。

(4)军事工业和空间技术领域。塑料电镀件的特殊用途主要是指在军事工业、空间技术领域中的应用。聚苯乙烯、泡沫聚氨酯镀银或其它金属后,可用于制作轻型波导管和天线。聚四氟乙烯电镀铜、锡、铅、银以及其它合金后,可用于制火箭中所需的密封圈。尼龙电镀后,不易受潮变形,可用于制火箭、宇宙飞船、空间探测器等的一些零部件。

二、实验提要

1. 塑料制品的镀前处理

塑料制品电镀前,必须经过化学除油、化学粗化、敏化、活化、还原、化学镀等处理,在其表面形成导电层,然后再通过该导电层与金属制品一样进行电镀。

(1)化学粗化。化学粗化是通过强酸性氧化剂的腐蚀、氧化作用,使塑料制品表面由憎水性变为亲水性,并在其表面形成适当的粗糙度,以保证镀层具有良好的附着力。一般来说,温度高,粗化效果好,但温度过高,塑料制品容易变形,所以,粗化温度要受到塑料制品变形温度的限制。

(2)敏化。经过粗化后,塑料制品表面具有一定的吸附能力,然后进行敏化处理。敏化是使塑料制品在敏化液中吸附一层易氧化的还原性物质,为后续处理提供条件。常用的敏化剂是 $SnCl_2$ 或 $TiCl_3$ 溶液。

(3)活化。塑料制品经敏化处理后,表面吸附有还原剂,冲洗后迅速将它浸入含有贵金属盐的活化液中,还原剂就会将贵金属盐还原成金属,吸附于制品表面,形成一层具有催化活性的金属膜。化学镀铜时,活化液常为 $AgNO_3$ 溶液,当敏化处理是用 $SnCl_2$ 时,活化处理发生如下反应

$$Sn^{2+} + 2Ag^+ \longrightarrow Sn^{4+} + 2Ag \downarrow$$

反应析出的银微粒具有催化活性,它既是化学镀的催化剂,又是化学镀的结晶核心。

(4)还原。塑料制品经过活化处理后,表面会吸附有活化剂,如 Ag^+,将它带入化学镀液中,会影响镀液的稳定性。所以,化学镀之前,要用一定浓度的化学镀液中的还原剂溶液浸渍制品,将活化剂除去。化学镀铜时,还原处理用稀甲醛溶液。

(5)化学镀。化学镀是在金属的催化作用下,通过可控制的氧化还原反应产生金属沉积的过程。化学镀液的成分包括金属盐、还原剂、络合剂、pH 调节剂、稳定剂、润湿剂和光亮剂等。经过化学镀,塑料制品表面形成金属层,它是塑料制品进一步电镀金属的导电层。

化学镀铜通常用甲醛作还原剂,但甲醛在碱性条件下(pH 值为 11～13),才有足够的还原性,因此,含 Cu^{2+} 的溶液中必须使用络合剂,如酒石酸盐、乙二胺四乙酸钠等。同时,为了改善镀液和镀层性能,要在镀液中加入适当的添加剂。甲醛为还原剂时,各种镀液中发生的主要反应为

$$Cu^{2+} + 2HCHO + 4OH^- \longrightarrow Cu \downarrow + 2HCOO^- + 2H_2O + H_2 \uparrow$$

由于化学镀铜液极易分解,故先配为(A)、(B)两种溶液,使用时再混合。(A)液含有铜盐、络合剂、缓冲剂、pH 调节剂等。(B)液为甲醛溶液。

2. 电镀镍

电镀镍时,塑料制品为阴极,金属镍为阳极,镍盐溶液为电镀液。电镀时,Ni^{2+} 在阴极上被还原成金属镍,沉积在阴极表面,形成镀镍层。为了使镀层平整、光亮,还要在电镀液中加入适当的添加剂。电镀过程中主要的电极反应为

阴极　　　　　　　　　　　　$Ni^{2+} + 2e \longrightarrow Ni$

　　　　　　　　　　　　　　$2H^+ + 2e \longrightarrow H_2$

阳极　　　　　　　　　　　　$Ni \longrightarrow Ni^{2+} + 2e$

三、实验内容

1. 镀前处理

将镀件依次放入下列溶液中进行预处理,操作顺序如表 7.2 所示。

2. 化学镀铜

将经过上述各类处理后的塑料制品在 50～80℃下,放入刚混合好的化学镀铜液中,浸泡直到镀上铜膜为止,此期间要适当抖动。取出镀件后,用自来水冲洗。

表 7.2　塑料制品镀前预处理工艺

序　号	处理液名称	温度/℃	浸泡时间/min	处理后消洗方法
1	化学粗化液	60 ~ 80	5	热水洗→自来水洗
2	敏化液	室温	10	自来水洗→蒸馏水洗
3	活化液	室温	5	自来水洗
4	还原液	室温	1	不用清洗

3. 电镀镍

电镀槽的阳极(带有阳极套的镍板)与直流电源的正极相连,串联电流表。电镀槽的阴极(塑料制品)与直流电源负极相连,串联可调电阻。实验装置如图 7.3 所示。

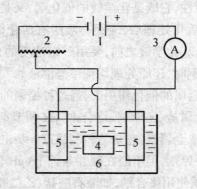

图 7.3　电镀装置示意图
直流稳压电源;2—可调变阻器;3—电流表;
4—阴极;5—阳极;6—电镀槽

电镀工艺条件:
温度:60 ~ 80℃;
pH 值:4.0 ~ 4.6;
阴极电流密度:0.5 A·dm^{-2}左右;
阳极面积与阴极面积比:2 ~ 3:1。

四、思考题

(1)金属电镀与非金属电镀有何异同?
(2)什么是化学镀? 过程每步的原理和作用是什么?
(3)敏化液中加入盐酸和锡条的目的是什么?
(4)敏化处理后,为什么用自来水冲洗后还需用去离子水洗?

实验 32　金属的电化学抛光

一、实验导读

目前,材料的抛光方法一般有三种:机械抛光、化学抛光与电解抛光。机械抛光是利用研磨作用而进行的;化学抛光与电解抛光都是利用优先溶解材料表面微小的凸出部分,使材料表面平滑和光泽化的加工方法,不同的是化学抛光是依靠纯化学作用与微电池的腐蚀作用,而电解抛光则是借助外电源的电解作用。由于电解抛光可通过易控制的电流或电压对抛光实行质量控制,所以产品的质量一般较化学抛光优异,是目前应用较广的一种抛光方法。

非惰性金属阳极材料在电解时,失去电子而溶解,这样可以利用它来抛光金属表面或加工一些特硬、过韧的金属。被抛光的金属作为阳极,用铅作阴极,一般选含磷酸或铬酐(CrO_3)的溶液作电解液。通电后,凸出部分电流密度大,金属溶解快,凹入部分电流密度小、金属溶解慢,这样,由于凸凹部分金属溶解速度不同,逐渐使金属表面平整而光亮。

电解抛光最大的优越性是:抛光面不产生变质、变形,且因生成耐蚀的钝化膜而使光泽均匀,适合形状复杂与细微的零件。

现在广泛采用电解抛光的材料有铝及铝合金、钢铁、铜与铜合金等,也可用于各种半导体器件基片的抛光。

本实验即是应用电解时的阳极溶解来进行金属材料的抛光,以提高金属表面的光洁度。本实验旨在使学生掌握电解抛光的原理及方法,并进一步加深对氧化还原反应和电化学应用的理解。

二、实验提要

电解抛光时用被抛的工件(纯铝片)做阳极,铅板做阴极,放入含有磷酸、铬酐和水的电解抛光液中,使工件铝被氧化而溶解。在金属表面形成一种粘性薄膜,这种薄膜导电性不良,并能使阳极电位代数值增大,同时在金属凹凸不平的表面上粘性薄膜厚度分布不均匀,凸起部膜较薄,电阻小,电流密度较大,溶解较快,于是粗糙的表面得以平整。此过程的电化学反应如下:

阳极反应　　　　　　　　　$Al \rightarrow Al^{3+} + 3e(溶解)$

　　　　　　　　　　　　　$2Al^{3+} + 6OH^- \rightarrow Al_2O_3 + 3H_2O$

　　　　　　　　　　　　　$4OH^- \rightarrow O_2 + 2H_2O + 4e$

阴极反应　　　　　　　　　$2H^+ + 2e = H_2 \uparrow$

　　　　　　　　　　　　　$Cr_2O_7^{2-} + 14H^+ + 6e = 2Cr^{3+} + 7H_2O$

三、实验内容

1.溶液配方和线路装置

(1)去油液和操作条件。

去油液:$NaOH$ 60 $g \cdot L^{-1}$、Na_2CO_3 30 $g \cdot L^{-1}$、Na_2O_2 50 $g \cdot L^{-1}$、Na_2SiO_3 10 $g \cdot L^{-1}$;

温度:353 K;

时间:180～300 s(至油完全除去为止)。

(2)电解抛光液成分和操作条件见表7.3。

表7.3　电解抛光液成分和操作条件

电解液成分	操 作 条 件				
	阳极电流密度/(A·m⁻²)	电压/V	抛光温度/K	时间/s	阳极(面积)/cm²
正磷酸 82% 铬酐 12% 水 6%	$0.2 \sim 0.4$	$12 \sim 15$	343	$120 \sim 130$	$2 \sim 1$

注:表中的"%"数为质量分数。

(3)电抛光线路装置图(图7.4)。

2.操作步骤

(1)将配好的电解抛光液倒入烧杯中,加热到70℃左右。

(2)调好所需电压,按线路图连接好阴阳两极。

(3)接通电源,把阴阳两极放入抛光液中(两极间保持一定距离,千万不要太近,以免短路),调节电流密度约为 $0.20 \sim 0.40$ A·m⁻²左右,开始计时(120~180 s),时间到马上切断电源,取出工件用水洗净,用滤纸擦干。

(4)检查质量,先与未被抛光部分比较亮度,再用金相显微镜观察抛光情况。

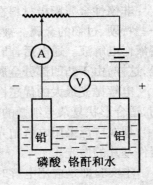

图7.4　电抛光线路装置图

四、思考题

(1)电解抛光根据什么原理? 与电解切削加工有何不同?

(2)有哪些因素影响抛光质量?

实验 33　铝及铝合金表面防护膜的形成

一、实验导读

铝是自然界含量最多的金属元素,在地壳中以复硅酸盐形式存在。主要的矿石有铝土矿($Al_2O_3 \cdot 12H_2O$)、粘土($H_2Al_2(SiO_4)_2H_2O$)、长石($KAlSi_3O_8$)、云母$[H_2KAl_3(SiO_4)_3]$、冰晶石(Na_3AlF_6)等。

制备金属铝常用电解法。在矿石中铝主要以 Al_2O_3 的形式存在,非常稳定。在高温下对熔融的氧化铝进行电解,氧化铝被还原为金属铝并在阴极上析出,其反应式为

$$2Al_2O_3 \xrightarrow{\text{电解}} 4Al + 3O_2$$

熔融的金属铝冷却后成为铝锭。

铝是银白色金属,熔点 659.8℃,沸点 2 270℃,密度为 2.702 $g \cdot cm^{-3}$(仅为铁的1/3)。由于铝的密度小、导电性及导热性好,建筑铝材在近年来发展迅猛,特别是随着高层建筑业的发展,使铝材在建筑行业中得到了广泛应用。

但是金属铝的强度和弹性模量较低,硬度和耐磨性较差,不适宜制造承受大载荷及强烈磨损的构件。为了提高铝的强度,常加入一些其它元素,如镁、铜、锌、锰、硅等。这些元素与铝形成铝合金后,不但提高了强度,而且还具有高塑性、良好的焊接性、较高的耐蚀性和压力加工性能,多用于冷冲压件、焊接件及耐蚀件。如铝镁合金、铝锰合金等。铝锰合金中 $w(Mn) = 1\%$ ~1.6%(<1.6%,则塑性降低),锰在铝中起提高强度和硬度的作用。铝镁合金中 $w(Mg) = $ 2% ~ 6%,不超过 12%,此外还含有 $w(Mn) = 0.15\%$ ~ 0.80%的锰及其它杂质,这种合金比纯铝有更高的强度,在高温及低温下均有良好的塑性、焊接性和耐蚀性,并具有较高的耐震性和良好的磨光性。另外,还有硬铝合金(Al – Cu – Mg 系)、超硬铝合金(Al – Mg – Zn 系)、铸造铝铜合金、铸造铝硅合金等。

铝合金强度高、相对密度小、易成型,广泛用于飞机制造业和建筑业,近年来,铝合金在建筑领域的应用越来越广泛。如日本的高层建筑98%采用铝合金作门窗及墙面装饰,美国也有约70%的铝材用于建筑业。

铝合金门窗与普通木门窗、钢门窗相比,具有质量轻、用材省、密封性能好、美观、耐腐蚀、维修方便等特点,虽然造价比普通木门窗高 3 ~ 4 倍,但由于长期维修费用低,所以有着广阔的发展前景。

在大气中铝及铝合金表面与氧作用就能形成一层致密的氧化膜保护层,但铝及铝合金经阳极氧化处理所得到的氧化膜(几十至几百微米)比自然形成的氧化膜(4×10^{-3} ~ $5 \times 10^{-3} \mu m$)厚得多,而且与基体金属结合牢固,故可以提高零件的抗蚀性、耐磨性和绝缘性。多孔的氧化膜易于用有机染料着色,还可用于表面装饰。由于阳极氧化铝及铝合金具有上述的优良性能,所以在许多工程技术中得到广泛应用。

本实验就是通过阳极氧化的方法制备铝表面的保护膜,通过本实验可以了解铝表面处理的基本原理和基本方法,并通过铝阳极氧化进一步了解电解池中的阳极过程。

二、实验提要

利用电解装置,将铝作为阳极、铅作为阴极,在 H_2SO_4 溶液中进行电解。阳极氧化过程的

实质是 H_2O 放电,接着进行初生态〔O〕对铝的氧化,其反应为

阳极 $\qquad\qquad\qquad H_2O ==== [O] + 2H^+ + 2e$

$\qquad\qquad\qquad\qquad 2Al + 3[O] ==== Al_2O_3$

阴极 $\qquad\qquad\qquad 2H^+ + 2e ==== H_2\uparrow$

由于 Al_2O_3 能溶于 H_2SO_4,故所形成的氧化膜为多孔结构,由于多孔结构保证了电解液的流通而使氧化膜不断增长。

多孔的氧化膜吸附能力强,易于染色,再经封闭处理,就可获得美观、防腐蚀性能良好的氧化膜。

铝氧化后放在热水中进行封闭处理,氧化膜与水作用而生成含水氧化铝($Al_2O_3 \cdot H_2O$ 和 $Al_2O_3 \cdot 3H_2O$),可以进一步提高防蚀能力。

三、实验内容

1.碱洗

首先用自来水冲洗,去掉表面污物,再放入碱洗液中(60～70℃)30 s,取出后迅速用自来水冲洗。

2.酸洗

酸洗也称出光。将铝片在酸洗液中浸泡 1 min,取出后,用自来水冲洗。

3.阳极氧化

阳极氧化在电解槽中进行,按图 7.5 所示的装置,铝件与直流电源的正极相连,串联可调电阻,两铅片与电源负极相连,串接电流表。

工艺条件:

阳极电流密度:$D_A = 0.8～1.5$ A·dm^{-2};

温度:13～26℃;

时间:20～30 min。

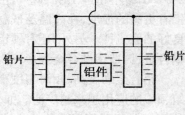

图 7.5　铝氧化装置示意图

4.封闭处理或染色(任选其一)

(1)染色:取出铝片,用自来水冲洗后,放入染色液(任选一种颜色)中染色,工艺条件如下:

染黑色:苯胺黑,10～15 min,50～70℃;

染红色:茜素红,10～15 min,60～70℃。

染色后取出铝片,用自来水冲洗,再用洁净的沸水处理 10～15 min,自然晾干,观察氧化膜质量(是否均匀,光亮)。

(2)封闭处理。取出铝片,用自来水冲洗,蒸馏水洗,放入封闭处理液中,温度为 90～98℃,时间为 10～15 min,取出后用冷水冲洗、晾干。

四、思考题

(1) 为什么经阳极氧化的铝及铝合金的氧化膜具有较强的抗腐蚀能力?

(2) 为什么阳极氧化的电解液通常使用硫酸,硫酸所起的作用是什么?

实验 34　化学中的光和颜色

一、实验导读

"发光"这个词往往是指发光材料被激发过程中的发射现象,激光是一种能量集中单一波长的光,当电子从激发态回到基态时,储备的能量就会被释放出来,而转变成光能,我们从宏观上就可以看到发光现象和颜色的产生。有关光和颜色的理论很多,例如,量子论激发和能级间的跃迁,解释了光现象和颜色产生的过程;配位场理论认为配位场对电子能级的影响,使得过渡元素化合物出现了颜色;分子轨道理论说明了大多数有机物(诸如植物、动物、合成染料及颜料等)的颜色起因;能带理论可以说明金属与合金(如铜、黄金、黄铜)的颜色、某些无机物(如红色水银朱砂矿石)的颜色、某些宝石(如蓝色和黄色钻石、紫晶和烟晶)中色心的颜色等等。美国学者 K. Nassau 在"The physics and Chemistry of color"一书中列出了 15 种由光产生颜色的起因,其中很大部分是有关化学中光和颜色的问题。

本实验涉及的发光是光敏发光和化学发光。光敏发光是指由光源照射光敏材料而产生的发光现象,例如,染料激光器就是让一束激光照射光敏染料,可完全反射染料的荧光,由于染料有较宽的荧光谱带,于是有可能要在较宽的波长范围内来调频激光,并选择激光实际作用。化学发光是指由化学反应而产生的发光现象,例如,化学激光器就是利用化学反应释放出大量能量而产生较大的激光脉冲,该脉冲可达几千焦,并能超过 10^{11} W 的峰值功率。氢和氟的反应就是一个典型的例子,在电和光的引发下,燃烧反应产生激发态的 HF^*,然后产生两个连锁反应

$$F + H_2 \longrightarrow HF^* + H$$
$$H + F_2 \longrightarrow HF^* + F$$

HF^* 产生在一个激发振动态中,并由如下过程产生光和颜色

$$HF^* \longrightarrow HF + 辐射量子$$

目前,化学中光和颜色在各领域中已获得了广泛的实际应用。

发光引发聚合已用于摄影、胶印印刷及制造电子工业上的印刷电路;染料和塑料中的光稳定剂或能量软化剂,可吸收染料或塑料分子的激发能,以保护材料。

磷光和荧光有多种用途,如在荧光灯管、X 射线、电视荧屏和钟表的发光显示、广告招贴画中用以引人注目的颜料、高速公路急弯、危险地段的标记,用作金属裂纹的探测和跟踪河流通过洞穴所用的微量分析试剂。

光敏材料可用于变色镜、信息存储和数字计算机的自显自灭软片,还可用于彩色记录,用不同的颜色来书写、阅读及消除信息等。

电子激发态系统的革命性应用是激光技术,广泛运用军事上的瞄准和探测及类似的功能;闪光光解和脉冲激光光解是研究分子高能态的有力武器;利用调频激光器的相应光束去激发个别电子振动能级或同位素,以取代化合物。

此外,在紧急光源、信号分析光源及灵敏度极高的光化学分析中等都有特殊的应用。

二、实验提要

1. 光致发光

本实验的第一部分是光致发光实验。如果让一束强光通过变化敏感的染料液体时，大部分光可直接通过，但有些光被吸收，被吸收了的光的互补光在透射光中则呈现了特有的明显颜色。同时，吸收是对染料起到了激发作用，被激发的分子当回到基态时，把激发吸收的能量以光的形式散发出去，所发散出的光与被吸收的光有相同的颜色。此实验部分的基本现象是，透射光发生的颜色只是在一个方向（透射光方向）上，而发散光发出的颜色是在各个方向上。

2. 化学发光

本实验的第二部分是关于化学发光的实验。鲁米诺是一种较强的化学发光物质，可以被双氧水、二价铁盐和氢氧化钠氧化，在这些反应过程中，会产生一种中间体（邻苯二甲酸胺离子）而处于活化激发状态。当激发态衰变为基态时，有蓝光发出，其发光反应过程可表示如下

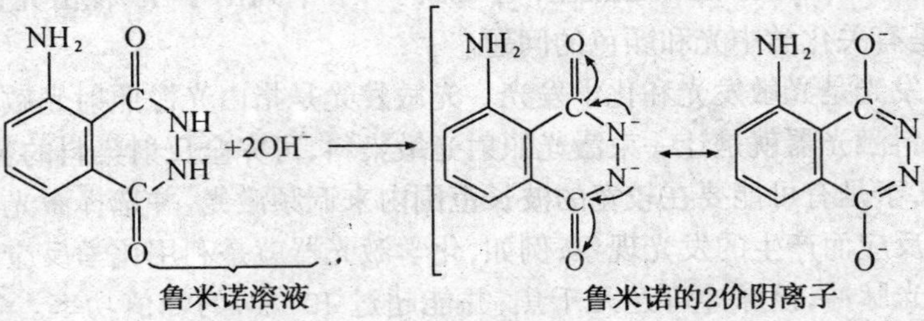

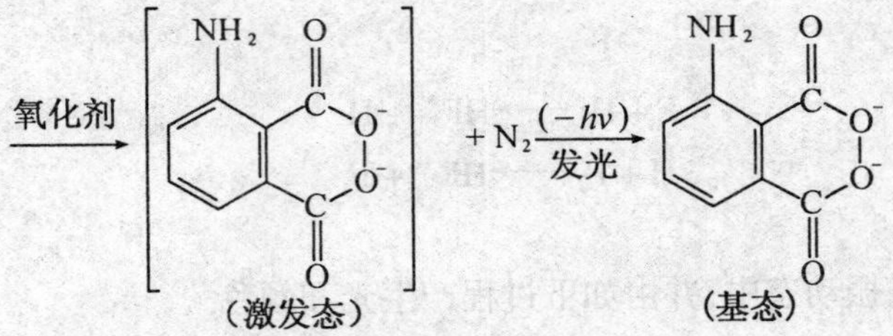

鲁米诺溶液 ＋2OH⁻ 鲁米诺的2价阴离子

氧化剂 ＋ N$_2$ $\frac{(-h\nu)}{发光}$

（激发态）　　　　（基态）

如果溶液中混有适当的光敏染料，在鲁米诺发光之前，其中间体可将能量传递给染料，则可调整光的颜色。

3. 实验形式

最好2人同时做实验内容中的3(3)和4(1)，以利于颜色的比较，因为实验中颜色差别不是很大。

4. 安全事项

在发光实验中的化学试剂是高分子量的活性有机化合物和一些活性染料。亚铁氰化钾虽然无毒，但是一种较强的泻剂。

三、实验内容

1. 光致发光

教师将1 ml左右的亚铁氰染料放到若干个烧杯中，将每个烧杯轮流放到投影仪上。在屏

幕上观察透射光颜色及光致发光。然后再用眼睛水平地看烧杯的液体,观察现象。

2. 鲁米诺的合成

在 20 ml 试管中,加入 0.3 g 环状二酰胺,用 5 ml $w(NaOH) = 10\%$ 的 NaOH 溶液溶解,再加入 2 g 连二亚硫酸钠粉末,用玻璃棒充分搅匀。用酒精灯微火小心加热至沸腾,让试管距火焰远些,保温加热,并不断摇动(千万不要喷出),沸腾保温约 15 min,加入 2 ml 冰醋酸,让试管自然冷却至室温,再在冷水中冷却约 10 min。试管内逐渐析出棕黄色鲁米诺固体。离心分离,并用滴管吸去上层清液,所得产物即为鲁米诺,约 0.3 g。

3. 化学发光

(1)准备 40 ml 的溶液 A(5 ml 的鲁米诺与 NaOH 的混合物放入烧杯中,加 35 ml 的蒸馏水,混合均匀)。

(2)准备 50 ml 的溶液 B(把 5.0 ml $w(亚铁氰化钾) = 3\%$ 和 5 ml $w(H_2O_2) = 3\%$ 的 H_2O_2 溶液放入 150 ml 的烧杯中后,再加 40 ml 的馏水,混合均匀)。

(3)用量筒取 8 ml 的 A 和 4 ml 的水,放到 125 ml 的锥形瓶中,用 10 ml 的量筒量取 4 ml 的 B 放在暗处。然后把 B 加入 A 溶液中,观察现象。

4. 能量转变

(1)用量筒取 8 ml 的 A 和 4 ml 的水,放到 125 ml 的锥形瓶中,再向混合液中加 2 滴亚铁氰化染料;用 10 ml 的量筒取 4 ml 的 B 放在暗处,然后把 B 加入 A 溶液中,现察现象。

(2)用别的染料重复(1)的实验。

四、思考题

(1)鲁米诺的合成一般是由邻苯二甲酸酐在碱性条件下进行的(见下式),但为什么生成时鲁米诺不发光?

环状二酰胺　　　　　鲁米诺

(2)为什么透射光的颜色只是在单一方向,而发散光的颜色不是在单一方向?

实验 35　金属表面渗稀土

一、实验导读

　　稀土元素由于其特殊的电子组态,从而具有其他元素所不具备的独特的材料学特性,为稀土在材料中的应用提供了可能,被誉为新材料的"宝库"。目前,稀土元素已成为高新技术发展的战略物质。我国的稀土资源极其丰富(全世界稀土矿物储量的 3/4 以上分布于我国,而且矿物品种齐全,品位优良),稀土生产规模和水平已跻身于世界先进行列,稀土应用(特别是材料方面的应用)也正在快速发展。回顾稀土元素的发现和发展历史,从早期的打火石到近期的高温超导材料,每一次新的发展,除了带动稀土工业的发展外,对相关学科的理论及实践都起到了推动作用,稀土元素在材料学科的理论和应用研究已成为当代化学与物理领域的热点,稀土材料的产业化将对国民经济的发展起到重要的推动作用。

　　稀土元素,作为功能材料的主要组元或添加成分,其应用范围之广已超过了任何传统的功能材料。据不完全统计,迄今为止,含有稀土元素的新型功能材料,包括稀土永磁、高温超导、光学、电子、化工及核物理材料等已有 50 余类。在蓬勃兴起的稀土功能材料这一广阔领域中,出现了越来越多的具有多种功能的"综合性能材料"。特别值得注意的是,这些稀土功能材料的开发与应用多半是与高技术以及高技术产业的发展息息相关的,有人预言,21 世纪材料科学的发展方向之一是稀土的应用。

　　稀土元素,作为微量合金组分在钢铁及有色金属中也得到迅速扩大的应用。20 世纪 70 年代中期,在国内外对稀土在炼钢工业中的作用尚有不同的认识,现在由于稀土在钢中应用的基础研究和工艺研究的一系列突破,已经充分肯定了稀土在钢中的固溶及合金化作用,并已证明稀土可以改善钢的组织相貌,从而提高钢的力学性能和耐蚀等物理化学性能。与此同时,在近十年来,稀土应用将为钢铁及有色金属材料的进一步开发开辟了一个新的方向。

　　稀土对钢表面强化和变性处理的研究,是由我国率先发展起来的一项新的稀土应用技术,稀土在钢中的应用研究,已有 70 多年的历史,目前国内外产生的稀土钢都是在炼钢操作的后期工序,采用各种方法将稀土加入钢液中,以达到改善钢的性能的目的。稀土对钢表面的处理,则是将稀土元素采用化学热处理的工艺方法扩渗到钢表面,仿于冶金过程,以改善和提高钢表面的综合性能,这项新技术是对传统的稀土钢概念的补充,又是稀土加入钢中方法上的一项创新。特别是在许多场合下,一种机械结构或结构单元往往是由于表面的机械磨损、腐蚀、氧化以及接触疲劳等原因导致破坏。一般地说,针对这种情况,若采取整体冶炼方法的技术路线来解决诸项表面问题不尽合理。

　　近几十年来,表面科学的发展十分迅速,并已在工程上得到广泛地应用,1978 年底,哈尔滨工业大学首次提出了开发稀土对钢表面气相扩渗变性处理的构思。经国际联机检索,未发现有关这方面研究的任何报道。这项研究,从多组分体系中由于原子间的极化作用导致原子半径改变的观点,突破了已有的金属学原理中的理论禁区,修正了原子"刚球模型",论证了稀土原子固溶的可能性,建立了渗稀土的理论依据。通过对数钢种进行了大量扩渗实验,结果经IMA－2 离子探针、扫描电镜波谱、能谱分析、X－射线荧光分析、X 射线衍射等离子发射光谱多种方法测试,已充分证明微量稀土元素渗入了钢表面,以此为依据,在研制中还进行了稀土对钢表面多元共渗过程的活化催渗及其动力学研究,证实了稀土与碳、氮共渗不仅可以加速碳、氮原子的扩渗速度,而且可以向内层延伸,从而既可以提高工件表面的机械性能,又可以缩短工艺时间,还又能降低热处理温度,节约能耗,减小工件变形,起到了一箭多雕提高综合性能的效果。

在本实验中要求学生通过对某一钢种进行气相法表面扩渗稀土,测试其扩渗前后试样表面机械力学性能(以硬度为主)的变化,来验证表面层微量稀土对钢表面的强化的突出作用。

二、实验提要

1.气相法钢表面扩渗稀土的概念

气相法钢表面扩渗稀土是将工件置于含有稀土物质的不同的介质中加热,使稀土和相应的元素渗入工件表层,改变表面化学成分和组织,从而改变其性能。

实质上,钢表面扩渗稀土是金属感受面与周围介质之间在一定条件下进行的物质输送过程。通常是由介质向金属表面输送一种或几种物质,然后进入表面下的某一深度内。表面下相应深度的这一层被称为"渗层",被输送的物质称为"渗入元素"。

2.气相法钢表面扩渗稀土的基本过程

就一般化学热处理基本过程而言,到形成渗层为止,仔细划分起来,应该由以下五个分过程完成:

①渗剂(介质)中发生化学反应形成欲渗元素的活性原子;

②紧靠金属表面处的介质中,为交换反应物与反应生成物进行扩散(外扩散);

③介质中某些活性原子在金属表面上进行吸附和由此产生各种界面反应;

④活性原子由金属表面向纵深迁移;

⑤活性原子与金属中存在的原子之间反应。最终在表层形成渗层。

对于气相法扩渗稀土来说,除了具有上述一般过程的特征外,至少还有两个特点:

一是,由于稀土的加入,使这五个分过程的内涵变得更为复杂;稀土对每个分过程都产生影响。

二是,稀土元素本身也有可能通过上述五个分过程,以特有的方式进入金属表层内。

3.钢表面硬度值的测定

硬度是指金属表面不大体积内抵抗变形或抵抗破裂的能力。硬度通常归纳为三种主要类型:静态压痕硬度、动态压痕或回弹压痕硬度及划痕硬度。金属表面硬度的测定通常用静态压痕法测其硬度值。根据其测量方法的不同,硬度值分为洛氏硬度(HRC)、布氏硬度和维氏硬度等。本实验采用洛氏硬度计测定给定钢种试样在气相法扩渗稀土前后其表面的洛氏硬度值。

三、实验内容

1.稀土渗剂的配制

取 500 ml 容量瓶,放入总量为 5.0 g 稀土及其它药品固体粉末,加入甲醇到刻度,摇匀。将配好的稀土渗剂倒入滴渗剂的容器中。

2.钢样的准备

将一组(6 个)给定的钢种加工成 15 mm×10 mm×5 mm 的样品;在预磨机上经粗磨、细磨;在抛光机上使用研磨膏将试样表面抛光;再用三氯甲烷、丙酮、酒精依次清洗脱蜡去油渍,最后放在小塑料袋中封存,供气相法扩渗稀土实验用。

3.气相法扩渗稀土

控制气体渗碳炉温度为(860±0.5)℃,在此温度下,将甲醇滴入炉内排气 30 min,滴速为 80 滴/min。将已准备好的三个试样挂于炉内,继续以 100 滴/min 的速度滴入甲醇,并滴入稀土渗剂,扩渗时间为 2 h,前 1 h 滴速控制在 120～140 滴/min,后 1 h 滴速控制在 100 滴/min。将试样从渗碳炉中快速取出放入机油中油淬冷却。

4.试样表面硬度测定

将已渗稀土的试样用丙酮、乙醇擦洗干净,吹干。采用 HR－150D 型电动洛氏硬度计测定三个已渗稀土试样和三个空白试样的洛氏硬度值,作好记录。

四、思考题

(1)为什么在滴入稀土渗剂之前要先滴入甲醇排气? 否则会有什么现象产生?

(2)扩渗稀土试样挂在炉内的位置是否会影响扩渗效果?

第八编　附　　录

附录 1　实验基本操作

1.1　称　量

物质质量的准确测定是化学实验中的基本操作之一,分析天平是精确度比较高的称量仪器,目前机械天平已很少使用,实验室中常用的分析天平是电子天平。

1.电子分析天平

电子分析天平(图 8.1)是一种精度高、可靠性强、操作简便的称量物体质量的精密仪器,可以方便地得到高精度的称量结果。

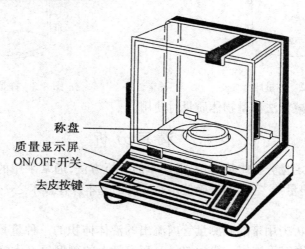

称盘
质量显示屏
ON/OFF开关
去皮按键

图 8.1　电子分析天平

一般称量操作非常简便,接通电源后,无需等待升温能立刻开始操作,首先按下 ON/OFF 开关,有一个全电子操作的自动检测过程,完成时在质量显示屏上显出 $0.000\ 0$ g(空载),这时显示屏上若有其它显示,请勿乱按键盘。如果称量时要用一容器盛放被称物体,或者质量显示屏上并非显出 $0.000\ 0$ g,则在称量前应再按去皮按键,确认称量零点,质量显示屏再现 $0.000\ 0$ g。推开玻璃侧门,把被称物体放在秤盘上,关上门后,等质量显示屏上的显示数字稳定下来,出现小数点后第四位的数字显示后,质量显示屏上的数字读数即为所称物体的准确质量。

此外,电子分析天平还具有"比较测定"、"定量称量"、"连机(计算机)处理数据"等功能。

2.称量瓶

称量瓶是一种圆柱形玻璃容器,带有磨口玻璃塞(图 8.2)。其质量较轻,可直接在天平上称量。通常,无论是空的或者装有试样的称量瓶都存放在玻璃干燥器中,使用时才从干燥器中取出。称量易吸水、易氧化和易吸收二氧化碳的固体粉末样品以及同一样品需要称量多份时,往往采用称量瓶进行称量。从干燥器中取放称量瓶时,要戴细纱手套,以免手指上的油污粘污称量瓶,影响称量结果的准确度。从称量瓶中倒出固体粉末样品时,应在准备盛放样品的实验用容器上方进行操作。这时左手握住称量瓶,右手拿着瓶盖,让称量瓶口稍微倾斜向下,并用瓶盖轻轻敲打称量瓶口上缘,逐渐倒出样品(图8.3)。当倒出的样品估计与要求的样品数量差不多时,慢慢地把称量瓶竖起,瓶口向上,并再用瓶盖轻轻敲打瓶口,让剩余样品全部返回称量瓶内,盖好瓶盖,再放天平秤盘上进行称量。如果所倒样品不够要求的质量,可以再倒,直到倒出样品称量后满足所要求的质量,如果倒出的样品太多,超出实验要求的范围很多,只能弃去,再重称一份,千万不要把多倒出的样品再倒回称量瓶,以免污染称量瓶内的样品。

图 8.2 称量瓶   图 8.3 称量瓶操作

称量瓶大多在用减量法称量物体质量时使用。

1.2 滴 定 分 析

滴定分析是化学定量分析中最常用、最基本的分析方法,通常采用的仪器主要有滴定管、容量瓶、移液管等玻璃量器,它们的正确使用是实验的基本操作技术之一。

1.滴定管

滴定管是容量分析中用来准确测量管内流出的液体体积的一种量具。通常,它能准确测量到0.01 ml,常用的滴定管体积一般为50 ml,滴定管上的刻度每一大格为1 ml,每一小格为0.1 ml,两刻度线之间可以估计读出0.01 ml,滴定管刻度值与常用的量筒不同,滴定管的0.00刻度是在管的上端,从上至下刻度值增加。

一般滴定管分为酸式滴定管和碱式滴定管,它们的差别在于管的下端。酸式滴定管下端连接玻璃旋塞,旋转打开旋塞,可以控制管内溶液逐滴流出。酸式滴定管是用来测量酸性溶液或氧化性溶液,不能用于碱性溶液,这是因为碱性溶液会腐蚀磨口的玻璃旋塞,时间长了就会使塞粘住。而碱性溶液应使用碱式滴定管,它的下端是由橡皮管连接玻璃管嘴(图8.4),橡皮管内装有一个玻璃圆球代替旋塞,用大拇指和食指轻轻往一边挤压玻璃圆球旁边的橡皮管,使管内形成一条窄缝,溶液即从玻璃管嘴中滴出。碱式滴定管不能用来测量氧化性溶液(如$KMnO_4$、I_2溶液),以避免橡皮管与这些溶液反应而粘住。

通常,酸式滴定管在使用前,先要检查其玻璃旋塞是否漏水,如果发现漏水或者旋塞旋转不灵活,就应把玻璃旋塞取下,洗净后用碎滤纸片把水吸干,然后在旋塞两端(避开中间小孔)涂上很薄一层凡士林(不要涂得太多,以免旋中间小孔被堵住),再把旋塞塞紧后,旋转几下,使

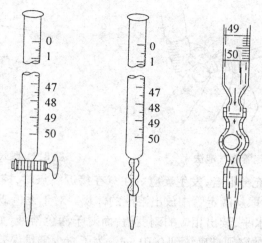

（a）酸式滴定管　（b）碱式滴定管　（c）玻璃管嘴

图 8.4　滴定管

凡士林均匀涂布,呈透明状(图 8.5)。再用橡皮圈套在玻璃旋塞末端凹槽内,以防旋塞脱落,最后检查装好的旋塞是否漏水。

滴定管在滴定开始前,都要依次分别用洗液、自来水、去离子水洗净,然后用少量(约 5 ml)所装溶液润洗二三次,以保证装入滴定管内的标准溶液的浓度不会改变。一般洗涤滴定总是将少量洗涤液(约 5～10 ml)加入滴定管中,用双手端平滴定管水平转动,让管内溶液全部浸润滴定管内壁后,再让溶液通过活塞下部管嘴内壁,然后把洗涤液全部放出。接着将标准溶液装入滴定管至上端 0.00 刻度以上,旋转玻璃旋塞或挤压橡皮管中玻璃圆球,把滴定管内液面调节到刻度 0.00 或略低,记下初读数。这时必须注意滴定管下端是否存在气泡,气泡在滴定过程中会引起较大误差,必须把滴定管下端的气泡赶出。对于酸式滴定管,只需把滴定管稍倾

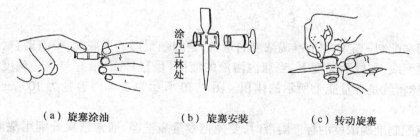

（a）旋塞涂油　　　（b）旋塞安装　　　（c）转动旋塞

图 8.5　旋塞涂油、安装和转动的手法

斜,打开旋塞,气泡就很容易被流出的溶液赶出。碱式滴定管必须像图 8.6 所示那样把滴定管下端橡皮管稍微向上弯曲,然后挤压玻璃圆球,气泡随冲出的溶液被赶出。

用装好标准溶液的滴定管进行滴定分析时,一般都用左手操纵滴定管,如果是酸式滴定管,用左手大拇指、食指和中指捏住玻璃旋塞把手,手心空握(图 8.7),以免掌心顶住旋塞小端,不慎把旋塞顶出而发生溶液渗漏;如果是碱式滴定管,则用左手大拇指和食指捏住橡皮管中玻璃圆球轻轻挤压,使溶液逐滴流出,但注意不要从橡皮管下方挤压玻璃圆球,否则松手时在玻璃管嘴中会出现气泡而引起误差。右手握住锥形瓶颈,一边滴入溶液,一边旋转摇动锥形

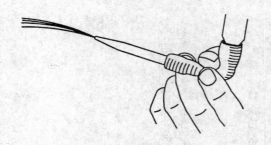

图 8.6　碱式滴定管逐气泡法　　　　　　　图 8.7　酸式滴定管操作方法

瓶(图 8.8),使瓶内溶液充分混合,发生反应。注意在接近终点时,控制一滴一滴地加入溶液。最后滴定到达终点,要读取从滴定管中放出溶液的体积。对于无色或浅色溶液,视线应与管内溶液弯月面最低点保持水平,读出相应的刻度值,而对于深色溶液(如 KMnO$_4$),则应观察溶液液面最上缘(图 8.9),读数必须准确读到 0.01 ml。为了减少测量误差,每次滴定应从 0.00 开始或从接近 0 的任一刻度开始,即每次都用滴定管的同一段体积。

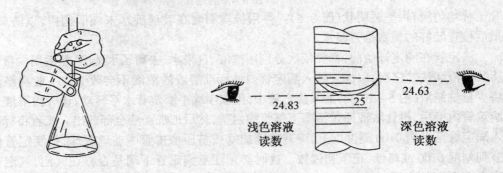

图 8.8　滴定操作法　　　　　　　　　　图 8.9　滴定管读数

2. 容量瓶

容量瓶是用来配制一定体积的准确浓度的量具,是细颈梨形的平底瓶,带有磨口,在容量瓶的颈部有一刻度线,在标示温度下,当瓶内溶液的液面(呈弯月面)恰好与这一刻度线相切时,瓶内溶液的体积就是容量瓶上所示的体积。图 8.10 所示为 20℃时容量为 100 ml 的容量瓶。

使用容量瓶配制准确浓度的标准溶液时,要先把容量瓶洗净,通常依次分别用洗液、自来水和去离子水洗净。洗净的容量瓶其内壁应不挂水珠,水均匀润湿容量瓶的内壁。接着把准确称量的一定量固体溶质放入已分别用自来水、去离子水洗净的烧杯中,并加入少量去离子水使其溶解,再定量地转移到瓶中。即把溶解所得溶液按图 8.11 所示方法沿着玻璃棒小心地倒入容量瓶中,再用洗瓶中的去离子水少量洗涤烧杯和玻璃棒二三次,洗涤液也要小心地沿玻璃棒倒入容量瓶(如果用容量瓶稀释准确浓度的浓溶液,就只需用移液管准确移取一定体积的浓液放入容量瓶)。然后继续加入去离子水到瓶颈刻度线下面一点,此时要注意,当瓶内溶液液面快接近刻度线时,就改用乳头滴管小心逐滴地把去离子水加到刻度线,这时瓶内溶液弯月面应与刻度线相切。塞紧磨口瓶塞,用右手食指按住瓶塞,其它四指拿住瓶颈,将容量瓶上下来回翻转,并不时地摇动,使配制的溶液浓度完全均匀。

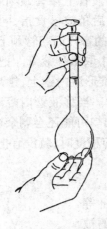

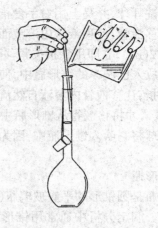

图 8.10 容量瓶 图 8.11 转移溶液入容量瓶

3.移液管

移液管是用来准确移取一定体积溶液的量具,常用的移液管中间有一膨大部分的玻璃管,管颈上部刻有一圈标线,在一定温度下,管颈上端标线至下端出口间的容积是一定的,如 50 ml、25 ml 等。根据不同需要,选用不同规格的移液管。

使用移液管时,通常要先依次分别用洗液、自来水、去离子水洗净,并且还要用少量要移取的溶液润洗二三次,以保证所移溶液的浓度不变。一般洗涤移液管总是先用小烧杯取少量洗涤液,用洗耳球使移液管从小烧杯中吸入少量洗涤液(约 5~10 ml),把移液管用双手端平,并水平转移液管,使管内洗涤液润洗移液管内壁,然后把洗过的洗涤液从移液管下端出口放出。

移液管的使用方法如图 8.12 所示,一般是用右手大拇指和中指拿住移液管管颈上端,把移液管下端管口插入装有移取的溶液的小烧杯中,左手拿洗耳球。先把洗耳球内空气挤出,然后把洗耳球的出口尖端紧压在移液管上端管口上,慢慢松开紧握洗耳球的左手,使要移取的溶

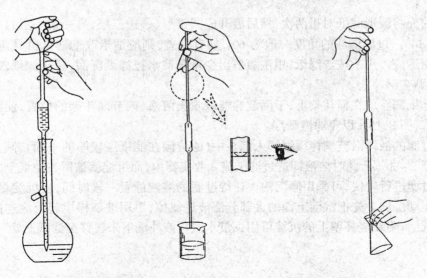

(a)用洗耳球吸取溶液 (b)使弯月面与标线相切 (c)放液体法

图 8.12 移液管的使用方法

液吸入移液管内(图8.12(a)),当移液管内溶液液面升高到移液管上端管颈刻度标线以上时,立即拿开洗耳球,并马上用右手食指按住移液管上端管口,然后稍放松食指,同时用大拇指和中指转动移液管,使移液管内溶液面慢慢下降,直至管内溶液的弯月面与管颈上端刻度标线相切(图8.12(b)),立即用食指按紧移液管上端管口,从小烧杯中取出移液管。把装满溶液的移液管垂直放入已洗净的锥形瓶中,使移液管下端出口紧靠在锥形瓶内壁上,锥形瓶略倾斜,然后松开食指,让移液管内溶液自然流入锥形瓶中(图8.12(c))。当移液管内溶液流完后,还需停留约15 s,才将移液管从锥形瓶中拿开。此时移液管下端出口可能还会剩余少量溶液,切不可用洗耳球将它吹入锥形瓶中,因为在制造移液管校正它的容积度时,就没有把这点溶液计算在内。

4.锥形瓶

图8.13　锥形瓶

锥形瓶是圆锥形的平底玻璃瓶(图8.13),有25、50、100 ml 等各种规格。滴定分析中通常用锥形瓶盛放移液管准确移取的被滴定的溶液,同时锥形瓶便于滴定操作中作圆周转动,使从滴定管中滴入的溶液与被滴定溶液均匀混合,充分反应,而不会使溶液溅出瓶外。

滴定分析时,对锥形瓶的洗涤要求与滴定管、移液管不完全相同,洗涤锥形瓶只需依次用去污粉(或洗液)、自来水、去离子水洗净,不能用所装溶液润洗。

1.3　过　滤

过滤是固、液分离最常用的方法。过滤时,沉淀留在过滤器上,而溶液通过过滤器进入接受器中。过滤出的溶液称为滤液。

1.常压过滤

常压过滤最为简便,也是最常用的一种方法,尤其沉淀物为胶体或微细的晶体时,用此法过滤较好。

过滤前先将圆形滤纸对折两次,然后展开成圆锥形(一边三层,另一边一层),放入玻璃漏斗中(图8.14)。过滤漏斗的角度一般为60°,如有偏差,则应适当改变滤纸折叠角度,使之与漏斗角度相适应。用手按着滤纸,用洗瓶挤出少量蒸馏水把滤纸湿润,轻压滤纸四周,赶去气泡,使其紧贴在漏斗上。

把带滤纸漏斗放在漏斗架上,下面放容器以收集溶液,调节漏斗架的位置,使漏斗尖端靠在容器内壁(图8.15),以免滤液溅湿。

将要过滤的液体沿玻璃棒缓缓倾入漏斗中(滤液倾在滤纸层较厚的一面),倾入量应使液面低于滤纸2~3 mm,此时溶液即透过滤纸流入收集器内,而沉淀就被留在滤纸上。

为使过滤进行较快,可采用倾泻法。让待过滤的溶液静置一段时间,使沉淀尽量下沉,过滤时不要搅动沉淀。先把沉淀上面的大部分清液过滤掉,再用玻璃棒搅起沉淀连同溶液一起转移到滤纸上,附在烧杯壁上的沉淀可用少量水或母液冲洗下来转移至滤纸上。

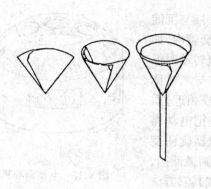

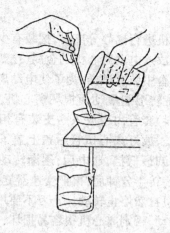

图 8.14 滤纸的折叠与安放　　　　　图 8.15 常压过滤

2. 减压过滤

减压过滤又叫抽滤、吸滤或真空过滤,可加快过滤速度,并把沉淀抽滤得比较干燥。但胶状沉淀在过滤速度很快时会透过滤纸,不能用减压过滤。颗粒很细的沉淀会因减压抽吸而在滤纸上形成一层密实的沉淀,使溶液不易透过,反而达不到加速目的,也不宜用此法。

减压过滤装置如图 8.16,滤器称为抽滤漏斗或布氏漏斗。先选好一张比抽滤漏斗内径略小的圆形滤纸,平整地放在抽滤漏斗内,用少量水湿润滤纸,把漏斗用橡皮塞装在抽滤瓶上,注意漏斗下端的斜削面要对着抽滤瓶侧面的细嘴。

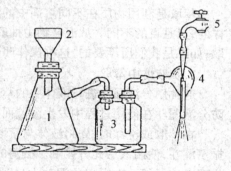

图 8.16 减压过滤
1—吸滤瓶;2—布氏漏斗;
3—水抽气泵;4—橡皮管

用橡胶管将抽滤瓶与水流抽气泵连接好,慢慢开放水龙头。过滤时应采用倾泻法。先把上部澄清液沿着玻璃棒注入漏斗内,加入的量不要超过漏斗的 2/3。然后把沉淀均匀的分布在滤纸上,继续减压,直至沉淀比较干为止。

若用真空泵进行抽滤,为了防止滤液倒流和潮湿空气抽入泵内,在抽滤瓶和真空泵之间要连上一个安全瓶和一个装有变色硅胶的干燥瓶。

过滤完后,应把连接抽滤瓶的橡皮管拔下,再关闭水龙头(或停真空泵),否则水流抽气泵内的水会倒流入抽滤瓶中,使滤液弄脏。取下漏斗把它倒扣在滤纸上,轻轻敲打漏斗边缘,使滤纸和沉淀脱离漏斗,滤液则从过滤瓶的上口倾出,不要从侧面尖嘴倒出,以免弄脏滤液。沉淀洗涤的方法与普通漏斗过滤相同,洗涤液过滤时不应太快。

1.4 离心分离

分离试管中少量的溶液与沉淀物时,常采用离心分离法,这种方法操作简单而迅速,实验室常用的电动离心机如图 8.17 所示,它是由高速旋转的小电动机带动一组金属套管作高速圆周运动。装在金属套管内离心试管中的沉淀物受到离心力的作用向离心试管底部集中,上层便得到澄清的溶液。这样离心试管中的溶液与沉淀就分离开了。电动离心机的转速可由侧面的变速器旋钮调节。

使用电动离心机进行离心分离时,把装有少量溶液与沉淀的离心试管对称地放入电动离心机的金属(或塑料)套管内,如果只有一支离心试管中装有试样,为了使电动离心机转动时保持平衡,防止高速旋转引起震动而损坏离心机,可在与之对称的另一金属(或塑料)套管内也放入一支装有相同(或相近)质量的水的离心试管。放好离心试管后盖上盖了。先把电动离心机变速器旋钮拧到最低挡,通电后,逐渐转动变速器旋钮使其加速,大约高速旋转半分钟后,再把变速器旋钮拧到最低挡,切断电源,让离心机自然停止转动。千万不要用手或其它方法强制离心机停止转动,否则离心机很容易损坏,而且容易发生危险。

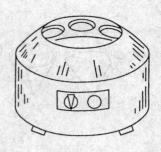

图 8.17　电动离心机

电动离心机转速极快,使用时要特别注意安全。

1.5　萃取与升华

萃取是利用物质在不同溶剂中的溶液不同来进行分离的操作。萃取和洗涤在原理上是一样的,只是目的不同。从混合物中抽取的物质,如果是我们所需要的,这种操作叫做萃取或提取;如果是我们所不要的,这种操作叫做洗涤。

1. 从液体中萃取

通常用分液漏斗进行液体中的萃取。必须事先检查分液漏斗的盖子和旋塞是否严密,以防分液漏斗在使用过程中发生渗漏而造成损失。(检查的方法通常是先用水试验)

在萃取或洗涤时,先将液体与萃取用的溶剂(或洗液)由分液漏斗的上口倒入,盖好盖子,振荡漏斗,使两液层充分接触。振荡的操作方法一般是先把漏斗倾斜,使漏斗的上口略朝下,如图 8.18 所示,右手捏住漏斗上口颈部,并用食指根部压盖子,以免盖子松开,左手握住旋塞;握持旋塞的方式要防止振荡时旋塞活动或脱落,以便于灵活地旋开旋塞。振荡后,让漏斗仍保持倾斜状态,旋开旋塞,放出蒸气或发生的气体,使内外压力平衡;若在漏斗内盛有易挥发的溶剂,如乙醚、苯等,或用碳酸钠溶液中和酸液,振荡后,更应注意及时旋开旋塞,放出气体。振荡数次以后,将分液漏斗放在铁环上(最好把铁环用石棉绳缠扎起来),静置之,使乳浊液分层。

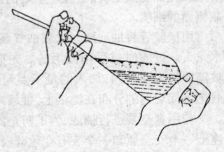

图 8.18　分液漏斗的使用

分液漏斗的液体分成清晰的两层以后,就可以进行分离。分离液层时,下层液体应经旋塞放出,上层液体应从上口倒出。如果上层液体也经旋塞放出,则漏斗旋塞下面茎部所附着的残液就会把上层液体弄脏。

先把顶上的盖子打开(或旋转盖子,使盖子上的凹缝或小孔对准漏斗上口颈部的小孔,以便与大气相通),把分液漏斗的下端靠在接受器的壁上。旋开旋塞,让液体流下,当液面间的界限接近旋塞时,关闭旋塞,静置片刻,这时下层液体往往会增多一些。再把下层液体放出,然后把剩下的上层液体从上口倒进另一个容器里。

在萃取过程中,将一定量的溶剂分做多次萃取,其效果要比一次萃取为好。

2．从固体混合物中萃取

从固体混合物中萃取所需要的物质，最简单的方法是把固体混合物先行研细，放在容器里，加入适当溶剂，用力振荡，然后用过滤或倾析的方法把萃取液和残留的固体分开。若被提取的物质特别容易溶解，也可以把固体混合物放在放有滤纸的锥形玻璃漏斗中，用溶剂洗涤。这样，所要萃取的物质就可以溶解在溶剂里，而被滤取出来。如果萃取物质的溶解度很小，则用洗涤方法消耗大量的溶剂和过多的时间。

3．回流冷凝装置

被萃取物质的溶解度很小时，可以使用回流冷凝装置加速溶解，使蒸气不断地在冷凝管内冷凝而返回反应器中，以防止反应瓶中的物质逃逸损失。图8.19是最简单的回流冷凝装置。

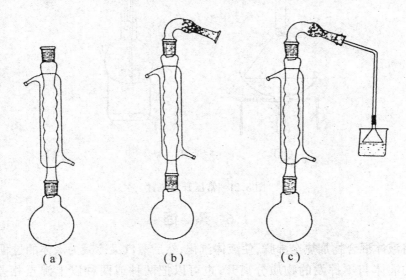

（a）　　　　　　（b）　　　　　　（c）

图8.19　回流装置

将反应物质放在圆底烧瓶中，在适当的热源上或热浴中加热。直立的冷凝管夹套中自下至上通入冷水，使夹套充满水，水流速度不必很快，能保持蒸气充分冷凝即可。加热的程度也需控制，使蒸气上升的高度不超过冷凝管的1/3。

用索氏（Soxhlet）提取器（图8.20）来萃取是效率很高的一种方法。将滤纸做成与提取器大小相适应的套袋，然后把固体混合物放置在纸套袋内，装入提取器内。溶剂的蒸气从烧瓶进到冷凝管中，冷凝后，回流到固体混合物里，溶剂在提取器内到达一定的高度时，就和所提取的物质一同从侧面的虹吸管流入烧瓶中。溶剂就这样在仪器内循环流动，把所要提取的物质集中到下面的烧瓶里。

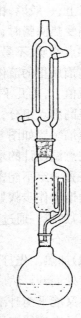

4．升华

固体物质具有较高的蒸气压时，往往不经过熔融状态就直接变成蒸气，蒸气遇冷，再直接变成固体。这种过程叫做升华。

容易升华的物质含有不挥发性杂质时，可以用升华方法进行精制。用这种方法制得的产品，纯度较高，但损失较大。

图8.20　索氏提取器

　　把待精制的物质放入蒸发皿中。用一张穿有若干小孔的圆滤纸把锥形漏斗的口包起来,把此漏斗倒盖在蒸发皿上,漏斗茎部塞一团疏松的棉花,如图 8.21(a)所示。

　　在沙浴上或石棉铁丝网上将蒸发皿加热,逐渐地升高温度,使待精制的物质气化、蒸发通过滤纸孔,遇到漏斗的内壁,又复冷凝为晶体,附在漏斗的内壁和滤纸上。在滤纸上穿小孔可防止升华后形成的晶体落回到下面的蒸发皿中。

　　较大量物质的升华,可在烧杯中进行,烧杯上放置一个通冷水的烧瓶,使蒸气在烧瓶底部凝结成晶体并附着在瓶底上,如图 8.21(b)所示。

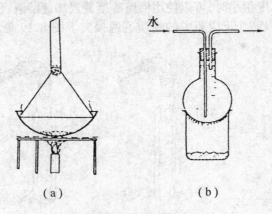

水

（a）　　　　　　　　　　　（b）

图 8.21　常压升华装置

1.6　蒸　馏

　　蒸馏是将液体混合物加热至沸腾,使液体汽化,然后蒸汽又冷凝为液体的过程。简单蒸馏可以把挥发的液体与不挥发的物质分离开,也可以把两种或两种以上沸点相差较大(至少30℃以上,一般说,相差 60～80℃以上能分离得很好)的液体混合物分开。

　　当受热沸腾时,液面上的蒸汽组成与液体混合物的组成不同。蒸汽中富集的是挥发组分即低沸点物质,不易挥发组分仍留在液相中。蒸汽冷凝后,冷凝液的组成与蒸汽组成相同。蒸馏中蒸馏瓶里的液体混合总体积变小,不易挥发组分的浓度相对增大。如果沸腾温度稳定在一个数值上,则几乎只有一个组分馏出,接收瓶中得到的主要是低沸点组分,蒸馏瓶中留下的主要是高沸点组分,从而达到分离的目的。

　　蒸馏装置如图 8.22 所示,由蒸馏瓶、蒸馏头、温度计、冷凝管、接引管接收瓶等组成。装配时应注意温度计的水银球与蒸馏头支管口在同一水平线上,这样才能准确测得沸点值。常压蒸馏装置一定不能密封,否则液体蒸气压增高,蒸气会冲开连接口,甚至发生爆炸。

　　蒸馏操作步骤如下:

　　(1)加料。通过长颈玻璃斗(或慢慢倾注)把液体加入到蒸馏瓶中。为了防止暴沸,再加入二三粒沸石。

　　(2)加热。先打开冷却水,水流量不应过大(应涓涓细流),以免水压过大,使胶管在与冷凝器连接处崩开。然后,检查调压器、电热套线路是否正确,接通电源,调节电压,使瓶内液体既不过热又能平衡升温。当蒸气到达温度计水银球部时,温度计读数急剧上升,温度计水银球上由原来没有液体到悬挂上液球,这表明系统正处在气液平衡状态。调节电压,控制蒸馏速度,以每秒蒸出 1～2 滴为宜。蒸馏时,温度计水银球上始终应有液珠,否则可能温度过高,出现过

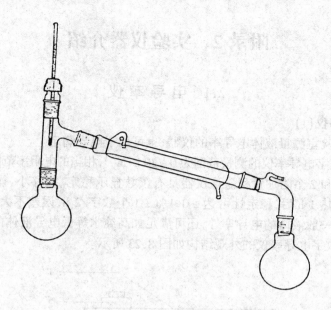

图 8.22 普通蒸馏装置

热现象。

(3)收集馏液。在达到欲收集之物的沸点之前,常有沸点较低度的液体蒸出,这部分馏液称为"馏头"或前馏分。

馏头蒸完后,温度稳定在沸点范围,这时即馏出欲收集之物,应更换一个干净干燥已称过重的接收瓶。接收欲收集之馏分。

从温度稳定到开始有温度变化所馏出的馏液叫做馏尾。应换接收器。若所剩组分的分量很少,温度会下降,应停止蒸馏。一定不能蒸干,以防爆炸。

(4)停止蒸馏。蒸馏完毕时,应先停止供热,切断电源(或火源),撤走电热套,变压器归零,稍冷一会后关好冷却水,收存好馏分后,按规程拆除仪器清洗仪器。

附录2　实验仪器介绍

2.1　电 导 率 仪

2.1.1　电导率仪(1)

电导率仪是实验室测量液体电导率的仪器,也可用于电导滴定。

DDS－11A型数字电导率仪的测量范围为 $0 \sim 10\ S\cdot m^{-1}$,相当的电阻率范围为 $\infty \sim 10^{-1}\ \Omega\cdot m$,分为4个基本量程和2个附加量程。该仪器具有读数显示稳定、漂移小、操作方便、测量精度高等特点。仪器预热1 h后,稳定性可达 ±0.1% ±1 个数字/2 h,误差不大于 ±1%(满度) ±1个数字。除能测量一般液体的电导率外,还可满足如高纯水等低电导液体的测量。

DDS－11A型数字电导率仪的外观结构如图8.23所示。

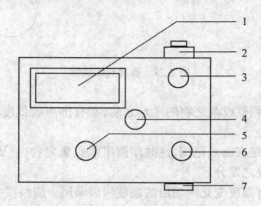

图 8.23　DDS－11A 型数字电导率仪示意图
1—数字显示窗口;2—电极插口;3—校正调节器;4—量程旋钮;
5—温度旋钮;6—常数旋钮;7—电源开关

1.准备工作

(1)将电源转换器的电源插头插入 220 V 交流电源插座内,并将电源转换器的输出直流电源插头插入仪器的电源插座上,打开电源开关。

(2)将量程旋钮置于校正位置,温度旋钮置于25℃位置,电极常数旋钮置于1位置,预热 $10 \sim 30$ min,调节校正调节器,使仪器读数在 $199.9\ \mu S\cdot cm^{-1}$(此值可称为零点)。

2.电极的使用

(1)若被测液体的电导率在 $10\ \mu S\cdot cm^{-1}$ 以下,选用 DJS－1 型光亮电极。

(2)若被测液体的电导率在 $10 \sim 10^{4}\ \mu S\cdot cm^{-1}$ 之间,宜选用 DJS－1 型铂黑电极。

(3)若被测液体的电导率大于 $10^{4}\ \mu S\cdot cm^{-1}$,用 DJS－1 型铂黑电极测不出时,则选用 DJS－10 型铂黑电极。

(4)将电极插头插入插口内,旋紧固定螺丝。电极要用被测液体冲洗 $2 \sim 3$ 次,然后浸入装有被测液体的烧杯中。

3.仪器的使用

(1)将"温度"旋钮置于25℃处,此为仪器的基准温度,为无温度补偿方式。

(2)将"常数"旋钮置于与所使用电极的常数相一致的位置上。(一般实验室已将电极的常

数标出)

①　对 DJS – 1 型电极,若常数为 0.95,则调在 0.95 位置上。

②　对 DJS – 10 型电极,若常数为 1.1,则调节在 1.1 位置上。

(3)将量程旋钮置于校正位置,调节"校正",使仪器显示 199.9 $\mu S \cdot cm^{-1}$ 零点处。在重新测另一种浓度的溶液时,要重新进行校正零点。

(4)将量程旋钮置于所需的测量挡。如果预先不知被测介质的电导率值大小,则应先将其置于最大电导率挡,然后逐挡选择适当范围,使仪器尽可能显示多位有效数字。仪器显示即为溶液的电导率。如超出最大量程,则应换用常数为 10 的电导电极。

测量完毕,关闭电源,取出电极并用去离子水(或蒸馏水)洗净。

4.使用注意事项

(1)电极引线、插头应保持干燥,在测量高电导(即低电阻)时,应使插头接触良好,以减小接触电阻。

(2)高纯水应在流动中测量,且使用洁净容器。

(3)在测量过程中,如需重新校正仪器,只需将量程旋钮置于校正位置,即可重新校正仪器,不必将电极插头拔出,也不必将电极从待测液中取出。

(4)仪器的校正挡与"温度"和"常数"旋钮的位置有关,因此当"温度"和"常数"旋钮位置确定并进行校正后,再测量时,不能变动校正调节器的位置,否则影响测量准确性。

(5)仪器电源开关关闭后,电源转换器仍在供电,因此不用仪器时,须将电源转换器的电源插头拔出。

2.1.2　电导率仪(2)

电导率仪是实验室测量液体电导的仪器,它还可作电导滴定用,当配上适当的组合单元后可达到自己记录的目的。

DDS – 11A 数字型电导率仪具有测量范围广(从 $0 \sim 10^5 \mu s \cdot cm^{-1}$,共分为 4 个基本量程及两个附加量程)、快速直读和操作简便等特点。当工作条件符合规定时,仪器开机稍经预热后,先校正后测量,精确度不大于 $\pm 1 \%$(满度) ± 1 个字。DDS – 11A 电导率仪的外观结构如图 8.24 所示。

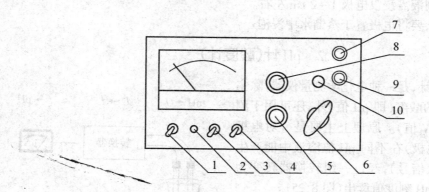

图 8.24　DDS – 11A 型数字电导率仪示意图

1—电源开关;2—电源指示灯;3—高、低周开关;

4—校正、测量开关;5—校正调节;6—量程选择开关;

7—10 mV 输出;8—电极常数补偿;9—电极插口;10—电容补偿

1.准备工作

接通电源,开机预热 20 ~ 30 min。

2.仪器校正

量程开关置于校正挡;温度旋置于 25℃;对于四旋钮型电导率仪,将电极常数旋钮置于 1 位置。调节校正旋钮,使仪器读数为 199.9 $\mu s \cdot cm^{-1}$,对于三旋钮型电导率仪,调节校正旋钮,使仪器读数为 1.000。

3.设定实验温度

调节温度旋钮置于实验温度。

若实验温度为 25℃,则不需此步调节。

4.设定电导电极常数

检查实验所提供的电极电常数值,对于四旋钮型电导率仪,将电极常数旋钮置于相应的位置。对于三旋钮型电导率仪,将量程开关置于校正挡;调节校正旋钮,使仪器读数与所用电极的常数相一致。

(1)对于 DJS – 1 型电极,若常数为 0.95,则旋钮调在 0.95 的位置上。

(2)对于 DJS – 10 型电极,若常数为 11,则旋钮调在 1.10 的位置上。

5.电导率测量

完成 1、2、3 和 4 步之后,再校正一次仪器之后测量。

把量程开关置于所需的测量挡,其示值即为被测溶液的电导率。

6.量程选择

如预先不知道被测电导率大小,应先把量程置于最大挡,然后逐渐选择合适的量程范围(以尽可能多的读取有效数字为原则)。

对于 DJS – 1 型电极,该电导率仪最大量程为 2 000 $\mu s \cdot cm^{-1}$。

对于 DJS – 10 型电极,该电导率仪只提供了一个量程,即量程的 10 $\mu s \cdot cm^{-1}$ 挡。

7.使用注意事项

(1)电极需轻拿轻放,注意保护电极。

(2)测量时,待测液需浸没电极 1 ~ 2 cm 左右。

(3)测量完成后,要将电极置于蒸馏水中浸泡。

2.2　pH 计(酸度计)

pH 计又称酸度计,是一种电化学测量仪器,除主要用于测量水溶液的酸度(即 pH 值)外,还可用于测量多种电极电势(mV 值)。原理上主要是一对电极(指示电极与参比电极)在不同 pH 值溶液中能产生不同的电动势(毫伏信号),经过一组转换器转变为电流在微安计上以 pH 刻度值读出(图 8.25)。

其中参比电极的电极电势要与被测溶液的 pH 值无关,通常使用甘汞电极(参见图 8.27)。饱和 KCl 溶液的甘汞电极的电极电势为 0.241 5 V。

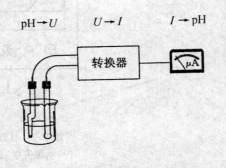

图 8.25　pH 计工作原理示意图

1.pHS – 2C 型数字酸度计

pHS – 2C 型酸度计面板布置如图 8.26 所示,其中液晶显示屏 2 可显示 pH 值(或 mV 值);电源开关 1 按下为接通电源;pH/mV 选择开关 6 按下时显示为 mV,弹出时显示为 pH;温度补偿旋钮(TEMP(℃))5 在测 pH 时,调节到与被测溶液的温度一样;定位旋钮(CALIB)3 是消除电极的不对称电势对 pH 测量的影响。电极插孔在酸度计后面。

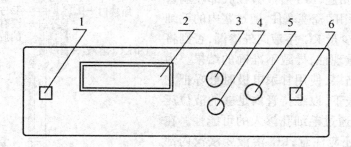

图 8.26　pHs-2C 型酸度计面板图

1—电源开关;　2—液晶显示屏;　3—定位旋钮;

4—斜率旋钮;　5—温度补偿旋钮;　6—pH/mV 选择开关

2.仪器的使用方法

(1)使用前准备。转动仪器前面板至要求角度(该角度由操作者自定)。

将玻璃电极、甘汞电极插在塑料电极夹上,把电极夹装在电极立杆上。玻璃电极插头插入电极插口上,甘汞电极引线连接在接线柱上(使用甘汞电极时,请把电极上的小橡皮塞及下端橡皮套拔去,在不用时,应把橡皮套套在下端)。

(2)pH 二点校正法。将仪器电源插头接入 220 V 交流电源,按下电源按钮,预热 20 min。将选择开关置 pH 挡,"斜率"旋钮按顺时针方向旋到底(100%处),"温度"旋钮置所选标准缓冲溶液的温度。

把电极用蒸馏水洗净,并用滤纸吸干。将电极浸入 pH = 7 的标准缓冲溶液中,待指示值稳定后,调节"定位"旋钮,使仪器指示值为该标准缓冲溶液在额定温度下的标准 pH 值。

将电极从 pH = 7 标准缓冲溶液中取出,用蒸馏水洗净,并用滤纸吸干,根据待测 pH 值的样品溶液之酸碱性来选择用 pH = 4 或 pH = 9 的标准缓冲溶液。把电极放入标准缓冲溶液中,待指示值稳定后,调节"斜率"旋钮顺示值为该标准缓冲溶液在额定温度下的标准 pH 值。

步骤重复操作数次。标定即告结束。

(3)简易标定法。如测量精度要求不高时,可用此法。

按指导教师要求,将"斜率"旋钮旋至指定刻度。

用与被测溶液 pH 值相近的缓冲溶液直接标定。例如,测量 pH 值为 3~5 的溶液时,可用 pH = 4 的溶液标定。将电极浸入选定的标准缓冲溶液中,待指示值稳定后,用"定位"旋钮调至该标准缓冲溶液在额定温度下的标准 pH 值即可。

样品(未知)溶液 pH 值的测量。在测量前,先将电极用蒸馏水洗净,并用滤纸吸干。然后将电极放入样器(未知)溶液,此时所显示值即为样品的 pH。(注意,此时"温度"旋钮应置于样品溶液温度,其它旋钮不能再动,否则需要重新标定)

测量电极电位时将仪器选择开关置 mV 挡,把电极浸入样品溶液,此时所显示值即为电极电位值。

3.甘汞电极

甘汞电极是常用的参比电极,它是由汞(Hg)和甘汞(Hg_2Cl_2)的糊状物装入一定浓度的氯化钾(KCl)溶液中构成的,如图 8.27 所示。汞上面插入铂丝,与外导线相连,KCl 溶液盛在底部玻璃管内,管的下端开口用陶瓷塞塞住,通过塞内的毛细管,在测量时允许少量 KCl 溶液向外渗漏,否则将影响电极读数的重现性,导致不准确的结果。为了避免出现这种结果,使用甘汞电极时最好把它上面的小橡皮塞拔下,以维持管内足够的液位压差,断绝被测溶液通过毛细孔渗入的可能性。在使用甘汞电极时还应注意,KCl 溶液要浸没内部小玻璃管的下口,并且在弯管内不允许有气泡将溶液隔断。甘汞电极做成下管较细的变管,有助于调节与玻璃电极间的距离,以便在直径较小的

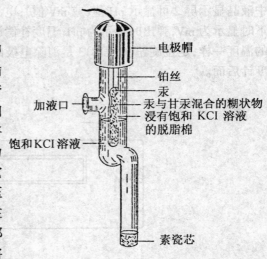

图 8.27　甘汞电极

容器内也可以插入进行测量。甘汞电极在不用时,可用橡皮套将下端毛细孔套住或浸在 KCl 溶液中(实质上是 Cl⁻ 离子浓度)。通常所用的饱和 KCl 溶液的甘汞电极的电极电势为 0.241 5 V,而用 0.1 mol·L⁻¹KCl 溶液的甘汞电极,其电极电势为 0.281 0 V。

4.玻璃电极

玻璃电极的关键部分是连接在玻璃管下端的,用特制玻璃(其组成为:$w(SiO_2) = 72\%$、$w(Na_2O) = 22\%$ 和 $w(CaO) = 6\%$ 制成的半圆球形玻璃薄膜,膜厚 50 μm。在玻璃薄膜圆球内装有一定浓度的 HCl 溶液(常用 0.1 mol·L⁻¹HCl),并将覆盖有一薄层 AgCl 的银丝插入 HCl 溶液中,再用导线接出,即构成一个玻璃电极(参见图 8.28)。

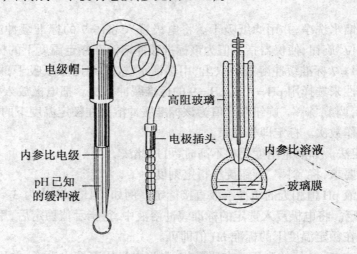

图 8.28　玻璃电极

当玻璃电极浸入待测 pH 溶液中时,玻璃薄膜内外两侧都因吸水膨润而分别形成两个极薄的水化凝胶层,中间则仍为干玻璃层。在进行 pH 测定时,玻璃膜外侧与待测 pH 溶液的相界面上要发生离子交换,有 H⁺ 离子进出;同样,玻璃膜内侧与膜内装的 0.1 mol·L⁻¹HCl 溶液

的相界面上也要发生离子交换,有 H^+ 进出。由于玻璃膜两侧溶液中 H^+ 浓度的差异,以及玻璃膜水化凝胶层内离子扩散的影响,就逐渐在膜外侧和膜内侧两个相界面之间建立起一个相对稳定的电势差,称为膜电势。由于膜内侧 HCl 溶液中 $c_{H^+} = 0.1 \, mol \cdot L^{-1}$,为定值,当玻璃膜内离子扩散情况稳定后,它对膜电势的影响也为定值,因此膜电势就只取决于膜外侧待测 pH 溶液中的 H^+ 浓度——c_{H^+}。在膜电势与 AgCl – Ag 电极的电势合并后,即得玻璃电极的电极电势

$$\varphi(玻璃电极) = \varphi^{\ominus}(玻璃电极) + \frac{2.30RT}{2F} \lg[\, c_{H^+}/c^{\ominus}\,]^2$$

玻璃电极在初次使用时,应先把下端的玻璃球泡浸在去离子水中数小时,甚至一昼夜,以稳定其不对称膜电势。使用后最好也把玻璃球浸泡在去离子水中,以便下次使用时可以省略浸泡和校正手续。

玻璃电极具有许多优点,诸如它不易"中毒",不受溶液中氧化剂和其它杂质的影响,比较稳定,可以在混浊、有色或胶体溶液中使用,而且测量时所用待测溶液的量可以比较少,操作很简便,所以在工业生产和实验室工作中得到广泛应用。但是,玻璃电极的缺点也是很明显的,它很薄、很脆,且具有高电阻,在相当稀的酸或碱溶液中使用受到一定的限制,一般测量适用的 pH 范围是 1 ~ 10。

2.3　721 分光光度计

分光光度计是化学分析中常用的,在可见光波长范围(360 ~ 800 nm)内进行定量比色分析的仪器。分光光度计的基本工作原理是溶液中的物质在光的照射激发下,对光的吸收反应,而物质对光的吸收具有选择性,各种不同物质都具有其各自的吸收光谱。因此,当某单色光通过溶液(图 8.29)时,其能量就会被吸收而减弱,光能量减弱的程度与溶液中物质的浓度 c 有一定的比例关系,即符合 Lambert-Beer(朗伯 – 比耳)定律,其关系式可表示为

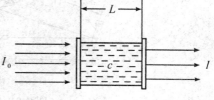

图 8.29　光通过溶液的情况

$$D = \lg \frac{I_0}{I} = \varepsilon c l$$

式中　D——光密度,表示光通过溶液时被吸收的强度,又称为消光度(用 E 表示);

　　　I_0——入射光强度;

　　　I——透射光强度;

　　　ε——摩尔消光系数;

　　　c——溶液物质的量浓度;

　　　l——光线通过溶液的厚度。

当入射光强度 I_0、摩尔消光系数 ε 和光线通过溶液的厚度 L 都保持不变时,透射光强度 I 就只随溶液物质的量浓度 c 而变化。因此,把透过溶液的光线通过测光机构中的光电转换器接收,将光能转换为电能,在微电计上读出相应的透光率(或光密度)(图 8.30),就可推算出溶液的浓度。

721 型分光光度计采用自准式光路、单光束方法,其波长范围为 360 ~ 800 nm,用钨丝白炽灯泡作光源,其光学系统简图如图 8.31 所示。从光源灯 1(12 V,25 W)发出的连续辐射光线,

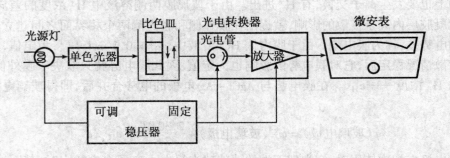

图 8.30 分光光度计工作原理

经聚光透镜 2 会聚后,再经过平面反射镜 7 转角 90°反射至入射狭缝 6,由此射入单色光器内,狭缝 6 正好位于球面准直镜 4 的焦面上。当入射光线经过准直镜 4 反射后,就以一束平行光射向棱镜 3(该棱镜背面镀铝),光线进入棱镜后色散,入射角在最小偏向角,入射光在铝面上反射后是依原路偏转一个角度反射回来,这样从棱镜色散后出来的光线再经过物镜反射后,就会聚在出射狭缝 6 上,出射狭缝是一体的。从出射狭缝射出的单色光经聚光透镜 8 会聚后,射入比色皿 9 溶液中经吸收后射至光电管 12,最后从微电计上直接读出光度读数。

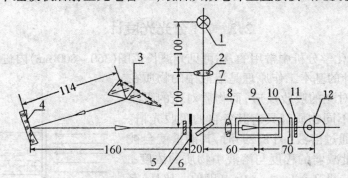

图 8.31 721 型分光光度计光学系统简图

1—光源灯; 2—聚光透镜; 3—色散棱镜; 4—准直镜;
5—保护玻璃; 6—狭缝; 7—反射镜; 8—聚光透镜; 9—比色皿;
10—光门; 11—保护玻璃; 12—光电管

721 型分光光度计的外形如图 8.32 所示。

721 型分光光度计的具体操作步骤如下:

(1)调微电计 9 机械零点。在仪器尚未接通电源时,微电计指针必须指在"0"刻度,若不是这样,则可用微电计上的校正螺丝进行调节(注意:通常要请实验室工作人员进行操作,同学勿擅自动手)。

(2)调波长调透光率。将仪器电源开关 2 打开,指示灯 1 发亮,打开比色皿暗箱盖 10,根据被测溶液颜色选择单色光波长,转动波长调节旋钮 7,从波长示窗 8 中确定所选择的波长。灵敏度选择请按第 4 步进行。确定灵敏度后,调节透光率 0 电位器旋钮 6,使光密度表 9 上指针指在透光率 0 位置,接着把比色皿暗箱盖 10 合上,处在光路上的比色皿装的是空白溶液。旋转透光度 100 电位器旋钮 5,使光密度表 9 上指针到满刻度(即透光率 100)附近。

(3)仪器预热约 20 min。

(4)灵敏度选择。放大器灵敏度分 5 挡,是逐步增加的,1 挡最低。其选择原则是保证能

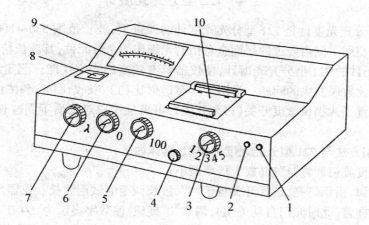

图 8.32 721 型分光光度计

1—指示灯； 2—电源开关；3—灵敏度选择旋钮； 4—比色皿座定位拉杆；
5—透光率 100 电位旋钮； 6—透光率 0 电位器旋钮； 7—波长调节旋钮；
8—波长示窗； 9—光密度(透光率)表； 10—比色皿暗箱盖

使空白溶液很好调以透光率 100 的情况下,尽可能采用较低挡,这样仪器将有更高的稳定性。所以,使用时一般灵敏度都放在 1 挡,灵敏度不够时再逐步升高。要注意,改变灵敏度要重新按第(2)步连续几次调整透光率 0 和透光率 100,仪器方可测量。

(5) 测量溶液光密度,打开比色皿暗箱盖 10,取出比色皿架,除已装空白溶液的比色皿外,其余 3 个比色皿分别用去离子水和所装溶液洗二三遍,接着依次装入不同浓度的标准系列溶液或未知液,用碎滤纸片吸干比色皿外壁粘附的溶液(千万不要使劲擦,以免磨毛比色皿的透光面),将它们依次放到比色皿架内,并把比色皿架放回暗箱内定位销上,把比色皿暗箱盖 10合上。

轻轻把比色皿架定位拉杆 4 拉出一格,让装第一个被测溶液的比色皿进入光路,从光密度表 9 上即可读出被测溶液的光密度。接着把比色皿架定位拉杆 4 再拉出一格,进行下一个被测溶液的测量。

使用 721 型分光光度计的注意事项:

(1) 灵敏度应尽可能选择适当,以使仪器具有较高的稳定性。

(2) 仪器预热后,开始测量前应反复调透光率 0 和透光率 100。

(3) 如果大幅度改变测试波长时,在调透光率 0 和透光率 100 后要稍等片刻(钨灯在急剧变亮后需要一段热平衡时间),当指针稳定后重新调整透光率 0 和透光率 100,方可开始测量。

(4) 空白溶液可以采用空气、去离子水或其它有色溶液或中性消光片,调节透光率于 100处,能提高消光读数,以适应溶液的高含量测定。

(5) 根据溶液含量的不同,可以酌情选用不同规格光径长度的比色皿,使微电计读数处于0.8 消光值之内。

(6) 在电源电压波动较大的地方,为确保仪器稳定工作,220 V 电源要预先稳压,建议采用220 V 电源稳压器。

(7) 当仪器停止工作时,必须切断电源,把开关关上。

2.4 722 型分光光度计

722 型光栅分光光度计是 721 型分光光度计的改进型,波长范围 330 ~ 800 nm。该仪器采用单光束结构,使用了国内先进的平面全息衍射光栅作为色散元件,其波长精度大大优于采用棱镜作为色散元件的 721 型分光光度计,使仪器具有较高的光学性能。测定结果采用数字显示,解决了指针读数误差大的问题。显示方式有透射比(T)、吸收比(A)和浓度(C)直读三种。另外,该仪器设置了八挡灵敏度开关(倍率开关),可满足用户对物质不同波长、不同浓度的测试。

仪器的使用方法与 721 型分光光度计类似,具体如下:

(1)将灵敏度旋钮调置"1"挡(放大倍率最小)。

(2)开启电源,指示灯亮,选择开关置于"T",波长调至测试用波长。仪器预热 20 min。

(3)打开试样盖(此时光门自动关闭),调节"0"旋钮,使数字显示为"00.0";盖上试样室盖,将比色皿架处于蒸馏水校正位置,使光电管受光,调节透射比"100%"旋钮,使数字显示为"100.0"。

(4)如果显示不到"100.0",则可适当增加微电流放大器的倍率挡数,改变倍率后必须按(3)重新校正"0"和"100%"。

(5)预热后,按(3)连续几次调整"0"和"100%",仪器即可进行测试工作。

(6)吸光度 A 的测量:按(3)调整仪器的"00.0"和"100%"后,将选择开关置于"A",调节光度调零旋钮,使得数字显示为".000",然后将被测样品移入光路,显示值即为被测样品的吸光度值。

(7)浓度 c 的测量:选择开关由"A"旋置"C",将已标定浓度的样品放入光路,调节浓度旋钮,使得数字显示为标定值,将被测样品放入光路,即可读出被测样品的浓度值。

附录 3　数　据　处　理

有效数字与测量误差

1.有效数字

在化学实验中,经常需要对某些物理量进行测量,并根据测得的数据进行计算,那么在测定这些物理量时,应采用几位数字? 在数据处理时又应保留几位数字? 这是个很严格的事,不能随意增减或书写。为了合理取值并能正确地运算,需要对有效数字的概念有所明确。

(1)有效数字的位数。有效数字是指从仪器上直接读出(包括最后一位估计读数在内)的几位数字。例如,在用最小刻度为 1 ml 的量筒测量出液体的体积为 20.5 ml,其中 20 是由量筒的刻度直接读出的,而 0.5 是用眼估计的,虽不太准确,但却是有效的,记录时应该保留,其有效数字是三位。若改用最小刻度为 0.1 ml 的滴定管来测量时,测得为 20.52 ml。其中 20.5 是直接从滴定管的刻度读出的,而 0.02 是估计的,其有效数字是四位。所以有效数字是科学实验中实际能测量到的数字。在这个数中,除最后一位数不太准确外,其余各位数都是准确的。

有效数字的位数是根据测量仪器和观察的精确程度来确定的。任何超仪器精确程度的数字都是不正确的。例如,台秤上称量某物体的质量为 3.5 g,所以该物体的质量范围是(3.5 ± 0.1)g。3.5 中最后一位是不太准确的,有效数字是二位,不能写成 3.50 g,因为这样写就超出了仪器的准确度。同理,若在千分之一天平上称量某物体的质量是 3.500 g,表示物体的实际质量为(3.500 ± 0.001)g,其有效数字是四位,不能写为 3.5 g 或 3.50 g,因为这样写不能反映仪器的精确度。

有效数字的位数可通过下表来说明:

有效数字	0.004 5	0.004 0	405	45	45.0	45.00	50 000
位　　数	二位	二位	三位	二位	三位	四位	不定

数字 1,2,3,…,9 都可以是有效数字,只有“0”有些特殊,有时是有效数字,有时不是。这与“0”在数字中的位置有关。

①“0”在数字前,只起定位作用,不是有效数字。因为“0”与所取的单位有关,例如,体积为 15 ml 与 0.015 ml 准确度完全相同,它们都是二位有效数字。

②“0”在数字的中间或在小数的后面,则是有效数字,例如,3.05、0.500、0.350 都是三位有效数字。

③尾数含有“0”的整数,有效位数不确定。例如 56 000,这种数应该根据实际有效数字情况改写为指数形式。如果是二位有效数字,则改写为 5.6×10^4,如果是三位有效数字,则写成 5.60×10^4。

(2)有效数字的运算规则。

①加减法。在加减法中,所得结果的小数点后面的位数,应该与各加减数中小数点后的位数最少者相同。例如,将 0.121、1.056 及 25.64 三个数相加

$$
\begin{array}{ll}
& 0.012\ 1 \qquad\qquad\qquad 0.01 \\
& 1.056 \qquad\qquad\qquad\quad 1.06 \\
\text{加法 I} & \underline{+25.64} \qquad\qquad \text{加法 II} \quad \underline{+25.64} \\
& 26.708\ 1 \qquad\qquad\qquad 26.71
\end{array}
$$

在上述 3 个数中,小数点后的位数最少的是 25.64,小数点后有二位数,因为该数中的 4 已不太准确,再保留小数点后第三位数字是没有意义的,正确结果是 26.71。在计算中,先采用四舍五入的规则,弃去过多的数字,按加法 II 进行。

②乘除法。在乘除法运算中,所得结果的有效数字的位数应与各数中最少的有效数字位数相同,而与小数点的位置无关。例如,0.012 1、1.056 8、25.64 这三个数和乘时,其乘积应为

$$0.012\ 1 \times 1.06 \times 25.6 = 0.328$$

三个数中 0.012 1 的有效数字位数最少,因此所得结果应取三位有效数字。

③对数运算。在 pH 和 lg K 等对数中,其中有效数字的位数仅取决于小数部分数字的位数,整数部分决定数字的方次,只起定位作用。例如[H^+] $= 0.8 \times 10^{-5}$ mol·l^{-1},它有二位有效数字,所以 pH $= -$lg[H^+] $= 4.74$,其中首数 4 不是有效数字,尾数 74 是有效数字,与[H^+]的有效数字位数相同。

在取舍有效数字位数时,还应注意:

①化学计算中常会遇到表示分数或倍数的数字,例如,1 kg = 1 000 g,其中 1 000 不是测定所得,可看做任意有效数字。

②若某一数据的第一位有效数字大于或等于 8,则有效数字的位数可多取一位,例如,8.25 虽然只有三位有效数字,但可看做是四位有效数字。

③误差一般只取一位有效数字,最多不超过二位。

2.测量误差

(1)误差及其产生原因。在测量一个物理量大小时会发现,同一物理量用不同仪器测出来的结果往往是不相同的,即使用一台仪器不同人测量的结果也会不相同。这种测量结果与物理量真实数值之间的差别叫做误差。根据误差的性质与产生的原因,将误差分为以下三类:

①系统误差,也称固定误差。系统误差是指在几次测定中,常按一定的规律性重复出现的误差,在一定条件下重复测定中出现的误差大小和正负都是相同的。这种误差的主要来源有:由于测试方法本身不够完善而引起的误差;仪器本身不够准确;试剂的纯度所引起的误差;个人生理特点引起的误差,如有的人对颜色变化不甚敏感,或观察指针时总是习惯把头偏向一方都会导致误差,这种误差可设法减小或加以校正。

②偶然误差。偶然误差是指由于偶然因素或不可控制的变量的影响所产生的,误差的大小或正负不确定。如观察温度或电流时出现微小的起伏,估计仪器最小分度时偏大或偏小,控制滴定终点的指示剂颜色稍有深浅等都是难以避免的。随着测定次数的增加,偶然误差的算术平均值将逐渐减小,因此多次测定结果的平均值更接近于真实值。

③过失误差。过失误差是指由于操作者工作疏忽、操作马虎而引起的误差。如测量过程中读数读错、记录记错、计算错误或实验条件控制不好等均属过失误差。只要在实验中严格遵守操作规程、谨慎细心,就可大大减少这类误差。如果在实验中发现了过失误差,应及时纠正或除去这些数据,不能参加平均值的计算。

(2)误差的表示方法:

①准确度和误差。准确度是指测定结果的正确性,即测定值与真实值(理论值)偏离的程

度,用"误差"表示。误差又分绝对误差和相对误差。测量值与真实值之差为绝对误差,即

$$绝对误差 = 测量值 - 真实值$$

绝对误差与真实值之比称为相对误差,即

$$相对误差 = \frac{绝对误差}{真实值} \times 100\%$$

误差越小,表示称量结果的准确度越高,一般用相对误差来反映测定值与真实值之间的偏离程度(即准确度)。⒉②精密度与偏差。精密度是指在相同条件下测量的重现性。测量结果的重复性用偏差表示。

偏差是单次测定结果与多次重复测量结果的平均值之间的偏离,也分为绝对偏差和相对偏差两种。

$$绝对偏差 = 单次测定值 - 测定的平均值$$

$$相对偏差 = \frac{绝对偏差}{测定平均值} \times 100\%$$

相对偏差的大小可以反映出测量结果再现性的好坏,相对偏差小,再现性好,即精密度高。

附录 4 常见离子的性质

4.1 常见离子颜色

1. 以下阳离子无色

Ag^+、Cd^{2+}、K^+、Ca^{2+}、As^{3+}(在溶液中主要以 AsO_3^{3-} 存在)、Pb^{2+}、Zn^{2+}、Na^+、Sr^{2+}、As^{5+}(在溶液中几乎全部以 AsO_4^{3-} 存在)、Hg_2^{2+}、Bi^{3+}、NH_4^+、Ba^{2+}、Sb^{3+}、Sb^{5+}(主要以 $SbCl_4^-$ 或 $SbCl_6^-$ 存在)、Hg^{2+}、Mg^{2+}、Al^{3+}、Sn^{2+}、Sn^{4+}。

2. 以下阳离子有色

Mn^{2+} 浅玫瑰色,稀溶液无色;Fe^{3+} 黄色或红棕色;Fe^{2+} 浅绿色,稀溶液无色;Cr^{3+} 绿色;Co^{2+} 玫瑰色;Ni^{2+} 绿色;Cu^{2+} 浅蓝色。

3. 以下阴离子无色

SO_4^{2-}、PO_4^{3-}、F^-、SCN^-、$C_2O_4^{2-}$、MoO_4^{2-}、SO_4^{2-}、SO_3^{2-}、Cl^-、NO_3^-、S^{2-}、$S_2O_3^{2-}$、Br^-、NO_2^-、ClO_3^-、CO_3^{2-}、SiO_3^{2-}、HCO_3^{2-}、$[PbI_4]^{2-}$。

4. 以下阴离子有色

$Cr_2O_7^{2-}$ 橙色;CrO_4^{2-} 黄色;CrO_2^- 绿色;MnO_4^- 紫红色;MnO_4^{2-} 绿色;$[Fe(CN)_6]^{3-}$ 红棕色;$[Fe(CN)_6]^{4-}$ 黄绿色;$[CuCl_4]^{2-}$ 黄色。

4.2 重要反应及其颜色

$Ag^+ + Cl^- \longrightarrow AgCl$(白色)	$Ba^{2+} + SO_4^{2-} \longrightarrow BaSO_4$(白色)
$Ag^+ + Br^- \longrightarrow AgBr$(浅黄色)	$Ba^{2+} + CO_3^{2-} \longrightarrow BaCO_3$(白色)
$Ag^+ + I^- \longrightarrow AgI$(黄色)	$Ca^{2+} + CO_3^{2-} \longrightarrow CaCO_3$(白色)
$2Ag^+ + CrO_4^{2-} \longrightarrow Ag_2CrO_4$(红褐色)	$Mg^{2+} + 2OH^- \longrightarrow Mg(OH)_2$(白色)
$Cu^{2+} + 2OH^- \longrightarrow Cu(OH)_2$(白色)	$Zn^{2+} + 2OH^- \longrightarrow Zn(OH)_2$(白色)
$Cu^{2+} + S^{2-} \longrightarrow CuS$(黑色)	$Al^{3+} + 3OH^- \longrightarrow Al(OH)_3$(白色)
$Pb^{2+} + S^{2-} \longrightarrow PbS$(黑色)	$Fe^{3+} + 3OH^- \longrightarrow Fe(OH)_3$(红褐色)
$Pb^{2+} + CrO_4^{2-} \longrightarrow PbCrO_4$(黄色)	$Hg^{2+} + 2I^- \longrightarrow HgI_2$(红色)
$Pb^{2+} + 2Cl^- \longrightarrow PbCl_2$(白色)	$Pb^{2+} + 2I^- \longrightarrow PbI_2$(黄色)

4.3 常见阴、阳离子鉴定方法

离 子	鉴 定 方 法
NH_4^+	加入 NaOH 后，加热释放出氨气，用湿润的石蕊试纸或广泛 pH 试纸检验，试纸呈碱性。石蕊试纸由红色变为蓝色
Fe^{2+}	与铁氰化钾反应生成蓝色沉淀 $$K^+ + Fe^{2+} + [Fe(CN)_6]^{3-} = KFe[Fe(CN)_6]$$
Fe^{3+}	① Fe^{3+} 与硫氰酸钾反应生成血红色的配位化合物 ② Fe^{3+} 与亚铁氰化钾反应生成蓝色沉淀 $$K^+ + Fe^{3+} + [Fe(CN)_6]^{4-} = KFe[Fe(CN)_6]$$
Cu^{2+}	① Cu^{2+} 在中性或稀酸溶液中，与亚铁氰化钾反应，生成红棕色沉淀 $$2Cu^{2+} + [Fe(CN)_6]^{4-} = Cu_2[Fe(CN)_6] \downarrow$$ ② Cu^{2+} 与过量氨水反应，生成 $[Cu(NH_3)_4]^{2+}$，溶液呈深蓝色。
Pb^{2+}	Pb^{2+} 与铬酸钾溶液反应生成黄色沉淀 $$Pb^{2+} + CrO_4^{2-} = PbCrO_4 \downarrow$$ $PbCrO_4$ 沉淀溶于 NaOH，然后加 HAc 酸化，$PbCrO_4$ 沉淀又重新析出 $$PbCrO_4 + 4OH^- = PbO_2^{2-} + CrO_4^{2-} + 2H_2O$$ $$PbO_2^{2-} + CrO_4^{2-} + 4HAc = PbCrO_4 \downarrow + 4Ac^- + 2H_2O$$
Ca^{2+}	Ca^{2+} 与草酸铵反应生成白色沉淀 $$Ca^{2+} + C_2O_4^{2-} = CaC_2O_4 \downarrow$$
S^{2-}	S^{2-} 与酸反应生成 H_2S 气体。用湿润 $Pb(Ac)_2$ 试纸检验，试纸呈黑色 $$S^{2-} + 2H^+ = H_2S \uparrow$$ $$H_2S + Pb(Ac)_2 = PbS \downarrow + 2HAc$$
NO_3^-	棕色环法：将 2 滴试液放于点滴板上，放上一粒 $FeSO_4 \cdot 7H_2O$ 或 $FeSO_4 \cdot (NH_4)_2SO_4 \cdot 6H_2O$，再加入 2 滴浓 H_2SO_4，勿搅动。待片刻后，观察结晶周围，呈棕色 $$6FeSO_4 + 2NaNO_3 + 4H_2SO_4 = 3Fe_2(SO_4)_3 + Na_2SO_4 + 4H_2O + 2NO$$ $$FeSO_4 + NO = [Fe(NO)]SO_4$$
PO_4^{3-}	Ag^+ 与 PO_4^{3-} 反应生成黄色沉淀 $$3Ag^+ + PO_4^{3-} = Ag_3PO_4$$
$S_2O_3^{2-}$	① $S_2O_3^{2-}$ 遇酸反应产生沉淀和气体 $$S_2O_3^{2-} + 2H^+ = S \downarrow + SO_2 \uparrow + H_2O$$ ② 少量 $S_2O_3^{2-}$ 与过量 Ag^+ 反应生成白色 $Ag_2S_2O_3$ 沉淀。放置片刻后，白色沉淀转变为黑色 Ag_2S 沉淀 $$S_2O_3^{2-} + 2Ag^+ = Ag_2S_2O_3 \downarrow$$ $$Ag_2S_2O_3 + H_2O = H_2SO_4 + Ag_2S \downarrow$$

附录 5　常用数据表

5.1　弱酸弱碱的离解常数

1. 常见弱酸的离解常数(298.15 K)

弱　酸	化 学 式	离 解 平 衡	$K_a^{\ominus}$
草 酸	$H_2C_2O_4$	$H_2C_2O_4 \rightleftharpoons H^+ + HC_2O_4^-$ $HC_2O_4^- \rightleftharpoons H^+ + C_2O_4^{2-}$	$(K_{a1}^{\ominus})5.6 \times 10^{-2}$ $(K_{a2}^{\ominus})5.1 \times 10^{-5}$
亚硫酸	H_2SO_4	$H_2SO_3 \rightleftharpoons H^+ + HSO_3^-$ $HSO_3^- \rightleftharpoons H^+ + SO_3^{2-}$	$(K_{a1}^{\ominus})1.3 \times 10^{-2}$ $(K_{a2}^{\ominus})6.3 \times 10^{-8}$
磷 酸	H_2PO_4	$H_2PO_4 \rightleftharpoons H^+ + HPO_4^-$ $H_2PO_4^- \rightleftharpoons H^+ + HPO_4^{2-}$ $HPO_4^{2-} \rightleftharpoons H^+ + PO_4^{3-}$	$(K_{a1}^{\ominus})6.9 \times 10^{-3}$ $(K_{a2}^{\ominus})6.3 \times 10^{-8}$ $(K_{a3}^{\ominus})4.3 \times 10^{-13}$
氢氟酸	HF	$HF \rightleftharpoons H^+ + F^-$	6.3×10^{-4}
亚硝酸	HNO_2	$HNO_2 \rightleftharpoons H^+ + NO_2^-$	5.1×10^{-4}
蚁 酸	HCOOH	$HCOOH \rightleftharpoons H^+ + HCOO^-$	1.7×10^{-4}
醋 酸	CH_3COOH	$CH_3COOH \rightleftharpoons H^+ + CH_3COO^-$	1.8×10^{-5}
碳 酸	H_2CO_3	$H_2CO_3 \rightleftharpoons H^+ + HCO_3^-$ $HCO_3^- \rightleftharpoons H^+ + CO_3^{2-}$	$(K_{a1}^{\ominus})4.2 \times 10^{-7}$ $(K_{a2}^{\ominus})4.8 \times 10^{-11}$
氢硫酸	H_2S	$H_2S \rightleftharpoons H^+ + HS^-$ $HS^- \rightleftharpoons H^+ + S^{2-}$	$(K_{a1}^{\ominus})8.9 \times 10^{-6}$ $(K_{a2}^{\ominus})1.2 \times 10^{-13}$
氢氰酸	HCN	$HCN \rightleftharpoons H^+ + CN^-$	4.9×10^{-10}

2. 常见弱碱的离解常数(298.15 K)

弱　碱	化 学 式	离 解 平 衡	$K_b^{\ominus}$
甲胺	CH_3NH_2	$CH_3NH_2 + H_2O \rightleftharpoons CH_5NH_3^+ + OH^-$	4.2×10^{-4}
氨	NH_3	$NH_3 + H_2O \rightleftharpoons NH_4^+ + OH^-$	1.8×10^{-5}
联氨	N_2H_4	$N_2H_4 + H_2O \rightleftharpoons N_2H_5^+ + OH^-$	9.8×10^{-7}
苯胺	$C_5H_6NH_2$	$C_5H_6NH_2 + H_2O \rightleftharpoons C_6H_5NH_3^+ + OH^-$	4.2×10^{-10}

5.2 溶度积常数

溶度积常数 $K_{sp}^{\ominus}$

（温度在室温附近，浓度单位为 $mol·L^{-1}$）

阴离子 / 阳离子	OH^-	S^{2-}	Cl^-	Br^-	I^-	SO_4^{2-}	CO_3^{2-}	$C_2O_4^{2-}$	PO_4^{3-}	CrO_4^{2-}
Cr^{3+}	6.3×10^{-31} (灰绿)**	完全水解	—	—	—	—	完全水解	—	2.4×10^{-23} (绿)	
Mn^{2+}	1.9×10^{-13} (白)	2.5×10^{-16} (白)	—	—	—	—	1.8×10^{-11} (白)	1.1×10^{-15} (白)	( ) (白)	
Fe^{3+}	4×10^{-38} (棕)	10^{-88} (黑)	—	不存在	不存在	—	部分水解	—	1.3×10^{-22} (白)	不存在
Fe^{2+}	8×10^{-16} (白)	6.3×10^{-18} (黑)	—	—	—	—	3.2×10^{-11} (白)	3.2×10^{-7} (白)	( ) (浅黄)	
Co^{2+}	1.6×10^{-15} (粉红)	4×10^{-21} (黑)	—	—	—	—	1.4×10^{-13} (粉红)	—	2×10^{-35} (紫)	
Ni^{2+}	2×10^{-15} (浅绿)	3.2×10^{-19} (黑)	—	—	—	—	6.6×10^{-9} (浅绿)	4×10^{-10}	5×10^{-31} (浅绿)	( ) (棕)
Ag^+	2.0×10^{-8} (Ag_2O,棕)	6.3×10^{-50} (黑)	1.8×10^{-10} (白)	5.0×10^{-13} (浅黄)	8.5×10^{-17} (黄)	1.4×10^{-5} (白)	8.1×10^{-12} (白)	3.4×10^{-11} (白)	1.4×10^{-16} (黄)	1.1×10^{-12} (砖红)
Cu^+	1.0×10^{-14} (Cu_2O,红)	2.5×10^{-48} (黑)	1.2×10^{-6} (白)	5.3×10^{-9} (白)	不存在	—	—	—		
Cu^{2+}	2.2×10^{-20} (浅蓝)	6.3×10^{-36} (黑)	—	—	—	—	1.4×10^{-10} (绿蓝)	2.3×10^{-8}	1.3×10^{-37} (浅蓝)	
Zn^{2+}	1.2×10^{-17} (白)	1.6×10^{-24} (白)	—	—	—	—	1.4×10^{-11} (白)	2.7×10^{-8} (白)		3.6×10^{-6}

续表

阳离子 ＼ 阴离子	OH^-	S^{2-}	Cl^-	Br^-	I^-	SO_4^{2-}	CO_3^{2-}	$C_2O_4^{2-}$	PO_4^{3-}	CrO_4^{2-}
Cd^{2+}	2.5×10^{-27} (白)	8.0×10^{-27} (黄)	—	—	—	—	5.2×10^{-12} (白)	9.1×10^{-5} (白)	2.5×10^{-33} (白)	—
Hg^{2+}	3×10^{-26} (HgO,红)	1.6×10^{-52} (黑)	—	—	( ) (橙)	—	部分水解	—	( ) (白)	( ) (黄)
Hg_2^{2+}	2.0×10^{-24} (Hg₂O,黑)	1×10^{-47} (黑)	1.3×10^{-18} (白)	5.6×10^{-23} (白)	4.5×10^{-29} (绿)	7.4×10^{-7} (白)	8.9×10^{-17} (浅绿)	2.0×10^{-13} (白)	4.0×10^{-13} (Hg₂HPO₄,白)	2.0×10^{-9} (棕红)
Pb^{2+}	1.2×10^{-15} (白)	8×10^{-28} (棕黑)	1.6×10^{-5} (白)	4.0×10^{-5} (白)	7.1×10^{-9} (黄)	1.6×10^{-8} (白)	1.5×10^{-13} (白)	4.8×10^{-10} (白)	8.0×10^{-43} (白)	2.8×10^{-13} (黄)
Mg^{2+}	1.8×10^{-11} (白)	—	—	—	—	—	3.5×10^{-8} (白)	( ) (白)	$10^{23} - 10^{27}$	—
Ca^{2+}	1.3×10^{-6} (白)	—	—	—	—	9.1×10^{-6} (白)	4.7×10^{-9} (白)	4×10^{-9} (白)	2.0×10^{-29} (白)	7.1×10^{-4} (黄)
Ba^{2+}	—	—	—	—	—	1.1×10^{-10} (白)	5.1×10^{-9} (白)	1.6×10^{-7} (白)	3.4×10^{-23} (白)	1.2×10^{-10} (黄)

数据摘自：J a Dean. Lange's Handbook of Chemistry.13th. ed. McGraw-Hill Book Company,1985
物质颜色摘自周伯劢编.常用试剂与金属离子的反应.北京:冶金工业出版社,1959

5.3 部分配离子稳定常数和不稳定常数

配 离 子	$K_稳$	lg $K_稳$	$K_{不稳}$	lg $K_{不稳}$
$[AgBr_2]^-$	2.14×10^7	7.33	4.67×10^{-6}	-7.33
$[Ag(CN)_2]^-$	1.26×10^{21}	21.1	7.94×10^{-22}	-21.1
$[AgCl_2]^-$	1.10×10^5	5.04	9.00×10^{-6}	-5.04
$[AgI_2]^-$	5.5×10^{11}	11.74	1.82×10^{-12}	11.74
$[Ag(NH_3)_2]^+$	1.12×10^7	7.05	8.93×10^{-3}	-7.05
$[Ag(S_2O_3)_2]^{3-}$	2.89×10^{13}	13.46	3.46×10^{-14}	-13.46
$[Ag(py)_2]^+$	1×10^{10}	10.0	1×10^{-10}	-10.0
$[Co(NH_3)_6]^{2+}$	1.29×10^5	5.11	7.75×10^{-6}	-5.11
$[Cu(CN)_2]^-$	1×10^{24}	24.0	1×10^{-24}	-24.0
$[Cu(NH_3)_2]^+$	7.24×10^{10}	10.86	1.38×10^{11}	-10.86
$[Cu(NH_3)_4]^{2+}$	2.09×10^{13}	13.32	4.78×10^{-14}	-13.32
$[Cu(P_2O_7)_2]^{6-}$	1×10^9	9.0	1×10^{-9}	-9.0
$[Cu(SCN)_2]^-$	1.52×10^5	5.18	6.58×10^{-6}	-5.18
$[Fe(CN)_6]^{3-}$	1×10^{42}	42.0	1×10^{-42}	-42.0
$[FeF_6]^{3-}$	2.04×10^{14}	14.31	4.90×10^{-15}	-14.31
$[HgBr_4]^{2-}$	1×10^{21}	21.0	1×10^{-21}	-21.0
$[Hg(CN)_4]^{2-}$	2.51×10^{41}	41.4	3.98×10^{-42}	-41.4
$[HgCl_4]^{2-}$	1.17×10^{15}	15.07	8.55×10^{-16}	-15.07
$[HgI_4]^{2-}$	6.76×10^{29}	29.83	1.48×10^{-38}	-29.83
$[Ni(NH_3)_6]^{2+}$	5.50×10^8	8.74	1.82×10^{-9}	-8.74
$[Ni(en)_3]^{2+}$	2.14×10^{18}	18.33	4.67×10^{-19}	-18.33
$[Zu(CN)_4]^{2-}$	5.0×10^{15}	16.7	2.0×10^{-47}	-16.7
$[Zn(NH_3)_4]^{2+}$	2.87×10^9	9.46	3.48×10^{-10}	-9.46
$[Zn(cn)_2]^{2+}$	6.76×10^{10}	10.83	1.48×10^{-11}	-10.83

* 数据录自 J.A.Dean.Lange's Handbook of Chemistry Tab.5~15. 12th ed.1979;温度一般为 20~25℃;$K_稳$、$K_{不稳}$、lg $K_{不稳}$ 的数据是从上述 lg $K_稳$ 的数据换算而得到的。

5.4 标准电极电势 $\varphi^{\ominus}$

（由小到大编排）

电对符号	电对平衡式		$\varphi^{\ominus}/V$
	氧 化 型 $+\ ne^-\ \rightleftharpoons$ 还 原 型		
Li^+/Li	$Li^+ + e^-$	$\rightleftharpoons Li$	-3.045
K^+/K	$K^+ + e^-$	$\rightleftharpoons K$	-2.925
Rb^+/Rb	$Rb^+ + e^-$	$\rightleftharpoons Rb$	-2.93
Cs^+/Cs	$Cs^+ + e^-$	$\rightleftharpoons Cs$	-2.92
Ra^{2+}/Ra	$Ra^{2+} + 2e^-$	$\rightleftharpoons Ra$	-2.92
Ba^{2+}/Ba	$Ba^{2+} + 2e^-$	$\rightleftharpoons Ba$	2.91
Sr^{2+}/Sr	$Sr^{2+} + 2e^-$	$\rightleftharpoons Sr$	-2.89
Ca^{2+}/Ca	$Ca^{2+} + 2e^-$	$\rightleftharpoons Ca$	-2.87
Na^+/Na	$Na^+ + e^-$	$\rightleftharpoons Na$	-2.714
La^{3+}/La	$La^{3+} + 3e^-$	$\rightleftharpoons La$	-2.52
Mg^{2+}/Mg	$Mg^{2+} + 2e^-$	$\rightleftharpoons Mg$	-2.37
Sc^{3+}/Sc	$Sc^{3+} + 3e^-$	$\rightleftharpoons Sc$	-2.1
$[AlF_6]^{3-}/Al$	$[AlF_6]^{3-} + 3e^-$	$\rightleftharpoons Al + 6F^-$	-2.07
Be^{2+}/Be	$Be^{2+} + 2e^-$	$\rightleftharpoons Be$	-1.85
Al^{3+}/Al	$Al^{3+} + 3e^-$	$\rightleftharpoons Al$	-1.66
Ti^{2+}/Ti	$Ti^{2+} + 2e^-$	$\rightleftharpoons Ti$	-1.63
Zr^{4+}/Zr	$Zr^{4+} + 4e^-$	$\rightleftharpoons Zr$	-1.53
$[SiF_6]^{2-}/Si$	$[SiF_6]^{2-} + 4e^-$	$\rightleftharpoons Si + 6F-$	-1.2
Mn^{2+}/Mn	$Mn^{2+} + 2e^-$	$\rightleftharpoons Mn$	-1.17
SO_4^{2-}/SO_3^{2-}	$SO_4^{2-} + H_2O + 2e^-$	$\rightleftharpoons SO_3^{2-} + 2OH^-$	-0.93
H_3BO_3/B	$H_3BO_3 + 3H^+ + 3e^-$	$\rightleftharpoons B + 3H_2O$	-0.87
TiO_2/Ti	$TiO_2 + 4H^+ + 4e^-$	$\rightleftharpoons Ti + 2H_2O$	-0.86
SiO_2/Si	$SiO_2 + 4H^+ + 4e^-$	$\rightleftharpoons Si + 2H_2O$	-0.86
Zn^{2+}/Zn	$Zn^{2+} + 2e^-$	$\rightleftharpoons Zn$	-0.763
Cr^{3+}/Cr	$Cr^{3+} + 3e^-$	$\rightleftharpoons Cr$	-0.74
$SO_3^{2-}/S_2O_3^{2-}$	$2SO_3^{2-} + 3H_2O + 4e^-$	$\rightleftharpoons S_2O_3^{2-} + 6OH^-$	-0.58
$Fe(OH)_3/Fe(OH)_2$	$Fe(OH)_3 + e^-$	$\rightleftharpoons Fe(OH)_2 + OH^-$	-0.56
Ga^{3+}/Ga	$Ga^{3+} + 3e^-$	$\rightleftharpoons Ga$	-0.5^*
H_3PO_3/H_3PO_2	$H_3PO_3 + 2H^+ + 2e^-$	$\rightleftharpoons H_3PO_2 + H_2O$	-0.50
$CO_2/H_2C_2O_4$	$2CO_2 + 2H^+ + 2e^-$	$\rightleftharpoons H_2C_2O_4$	-0.49
S/S^{2-}	$S + 2e^-$	$\rightleftharpoons S^{2-}$	-0.48
Fe^{2+}/Fe	$Fe^{2+} + 2e^-$	$\rightleftharpoons Fe$	-0.440
Cr^{3+}/Cr^{2+}	$Cr^{3+} + e^-$	$\rightleftharpoons Cr^{2+}$	-0.41
Cd^{2+}/Cd	$Cd^{2+} + 2e^-$	$\rightleftharpoons Cd$	-4.03
Ti^{3+}/Ti^{2+}	$Ti^{3+} + e^-$	$\rightleftharpoons Ti^{2+}$	-0.37
PbI_2/Pb	$PbI_2 + 2e^-$	$\rightleftharpoons Pb + 2I^-$	-0.364
Cu_2O/Cu	$Cu_2O + 2H^+ + 2e^-$	$\rightleftharpoons 2Cu + H_2O$	-0.36
$PbSO_4/Pb$	$PbSO_4 + 2e^-$	$\rightleftharpoons Pb + SO_4^{2-}$	-0.356
In^{3+}/In	$In^{3+} + 3e^-$	$\rightleftharpoons In$	-0.34
Tl^+/Tl	$Tl^+ + e^-$	$\rightleftharpoons Tl$	-0.338

续表

电对符号	电对平衡式		$\varphi^{\ominus}/V$
	氧 化 型 $+ ne^- \rightleftharpoons$ 还 原 型		
$[Ag(CN)_2]^-/Ag$	$[Ag(CN)_2]^- + e^-$	$\rightleftharpoons Ag + 2CN^-$	-0.31
H_3PO_4/H_3PO_3	$H_3PO_4 + 2H^+ + 2e^-$	$\rightleftharpoons H_3PO_3 + H_2O$	-0.28
$PbBr_2/Pb$	$PbBr_2 + 2e^-$	$\rightleftharpoons Pb + 2Br^-$	-0.274
Co^{2+}/Co	$Co^{2+} + 2e^-$	$\rightleftharpoons Co$	-0.277
$PbCl_2/Pb$	$PbCl_2 + 2e^-$	$\rightleftharpoons Pb + 2Cl^-$	-0.266
V^{3+}/V^{2+}	$V^{3+} + e^-$	$\rightleftharpoons V^{2+}$	-0.255
VO_2^+/V	$VO_2^+ + 4H^+ + 5e^-$	$\rightleftharpoons V + 2H_2O$	-0.25
Ni^{2+}/Ni	$Ni^{2+} + 2e^-$	$\rightleftharpoons Ni$	-0.246
Mo^{3+}/Mo	$Mo^{3+} + 3e^-$	$\rightleftharpoons Mo$	-0.20
AgI/Ag	$AgI + e^-$	$\rightleftharpoons Ag + I^-$	-0.152
Sn^{2+}/Sn	$Sn^{2+} + 2e^-$	$\rightleftharpoons Sn$	-0.136
Pb^{2+}/Pb	$Pb^{2+} + 2e^-$	$\rightleftharpoons Pb$	-0.126
$[Cu(NH_3)_2]^+/Cu$	$[Cu(NG_3)_2]^+ + e^-$	$\rightleftharpoons Cu + 2NH_3$	(-0.12)
CrO_4^{2-}/CrO_2^-	$CrO_4^{2-} + 2H_2O + 3e^-$	$\rightleftharpoons CrO_2^- + 4OH^-$	-0.12
WO_3/W	$WO_3 + 6H^+ + 6e^-$	$\rightleftharpoons W + 3H_2O$	-0.09
$Cu(OH)_2/Cu_2O$	$2Cu(OH)_2 + 2e^-$	$\rightleftharpoons Cu_2O + 2OH^- + H_2O$	-0.08
$MnO_2/Mn(OH)_2$	$MnO_2 + 2H_2O + 2e^-$	$\rightleftharpoons Mn(OH)_2 + 2OH^-$	-0.05
Hg_2I_2/Hg	$Hg_2I_2 + 2e^-$	$\rightleftharpoons 2Hg + 2I^-$	-0.04
H^+/H_2	$2H^+ + 2e^-$	$\rightleftharpoons H_2$	0(准确值)
NO_3^-/NO_2^-	$NO_3^- + H_2O + 2e^-$	$\rightleftharpoons NO_2^- + 2OH^-$	0.01
$AgBr/Ag$	$AgBr + e^-$	$\rightleftharpoons Ag + Br^-$	0.071
$S_4O_6^{2-}/S_2O_3^{2-}$	$S_4O_6^{2-} + 2e^-$	$\rightleftharpoons 2S_2O_3^{2-}$	0.08
$[Co(NH_3)_4]^{3+}/[Co(NH_3)_4]^{2+}$	$[Co(NH_3)_4]^{3+} + e^-$	$\rightleftharpoons [Co(NH_3)_4]^{2+}$	0.1
TiO^{2+}/Ti^{3+}	$TiO^{2+} + 2H^+ + e^-$	$\rightleftharpoons Ti^{3+} + H_2O$	0.10
S/H_2S	$S + 2H^+ + 2e^-$	$\rightleftharpoons H_2S$	0.141
Sn^{4+}/Sn^{2+}	$Sn^{4+} + 2e^-$	$\rightleftharpoons Sn^{2+}$	0.154
Cu^{2+}/Cu^+	$Cu^{2+} + e^-$	$\rightleftharpoons Cu^+$	0.17
SO_4^{2-}/H_2SO_3	$SO_4^{2-} + 4H^+ + 2e^-$	$\rightleftharpoons H_2SO_3 + H_2O$	0.17
$[HgBr_4]^{2-}/Hg$	$[HgBr_4]^{2-} + 2e^-$	$\rightleftharpoons Hg + 4Br^-$	0.21
$AgCl/Ag$	$AgCl + e^-$	$\rightleftharpoons Ag + Cl^-$	0.222
$HAsO_2/As$	$HAsO_2 + 3H^+ + 3e^-$	$\rightleftharpoons As + 2H_2O$	0.248
Hg_2Cl_2/Hg	$Hg_2Cl_2 + 2e^-$	$\rightleftharpoons 2Hg + 2Cl^-$	0.2676
PbO_2/PbO	$PbO_2 + H_2O + 2e^-$	$\rightleftharpoons PbO + 2OH^-$	0.28
BiO^+/Bi	$BiO^+ + 2H^+ + 3e^-$	$\rightleftharpoons Bi + H_2O$	0.32
Cu^{2+}/Cu	$Cu^{2+} + 2e^-$	$\rightleftharpoons Cu$	0.337
$[Fe(CN)_6]^{3-}/[Fe(CN)_6]^{4-}$	$[Fe(CN)_6]^{3-} + e^-$	$\rightleftharpoons [Fe(CN)_6]^{4-}$	0.36
$[Ag(NH_3)_2]^+/Ag$	$[Ag(NH_3)_2]^+ + e^-$	$\rightleftharpoons Ag + 2NH_3$	0.373
$H_2SO_3/S_2O_3^{2-}$	$2H_2SO_3 + 2H^+ + 4e^-$	$\rightleftharpoons S_2O_3^{2-} + 3H_2O$	0.40
O_2/OH^-	$O_2 + 2H_2O + 4e^-$	$\rightleftharpoons 4OH^-$	0.41
Ag_2CrO_4/Ag	$Ag_2CrO_4 + 2e^-$	$\rightleftharpoons 2Ag + CrO_4^{2-}$	0.447

续表

电对符号	电对平衡式		$\varphi^{\ominus}/V$
	氧 化 型 + ne^-	$\Longleftrightarrow$ 还 原 型	
H_2SO_3/S	$H_2SO_4 + 4H^+ + 4e^-$	$\Longrightarrow S + 3H_2O$	0.5
MnO_4^{2-}/MnO_2	$MnO_4^{2-} + 2H_2O + 2e^-$	$\Longrightarrow MnO_2 + 4OH^-$	约0.50
Cu^+/Cu	$Cu^+ + e^-$	$\Longrightarrow Cu$	0.521
I_3^-/I^-	$I_3^- + 2e^-$	$\Longrightarrow 3I^-$	0.535
$H_3AsO_4/HAsO_2$	$H_3AsO_4 + 2H^+ + 2e^-$	$\Longrightarrow HAsO_2 + 2H_2O$	0.581
MnO_4^-/MnO_2	$MnO_4^- + 2H_2O + 3e^-$	$\Longrightarrow MnO_2 + 4OH^-$	0.588
TeO_2/Te	$TeO_2 + 4H^+ + 4e^-$	$\Longrightarrow Te + 2H_2O$	0.59
$HgCl_2/Hg_2Cl_2$	$2HgCl_2 + 2e^-$	$\Longrightarrow Hg_2Cl_2 + 2Cl^-$	0.63
O_2/H_2O_2	$O_2 + 2H^+ + 2e^-$	$\Longrightarrow H_2O_2$	0.682
$[PtCl_4]^{2-}/Pt$	$[PtCl_4]^{2-} + 2e^-$	$\Longrightarrow Pt + 4Cl^-$	0.73
Fe^{3+}/Fe^{2+}	$Fe^{3+} + e^-$	$\Longrightarrow Fe^{2+}$	0.771
Hg_2^{2+}/Hg	$Hg_2^{2+} + 2e^-$	$\Longrightarrow 2Hg$	0.79
Ag^+/Ag	$Ag^+ + e^-$	$\Longrightarrow Ag$	0.799
NO_3^-/NO_2	$NO_3^- + 2H^+ + e^-$	$\Longrightarrow NO_2 + H_2O$	0.80
H_2O_2/OH^-	$H_2O_2 + 2e^-$	$\Longrightarrow 2OH^-$	0.88
ClO^-/Cl^-	$ClO^- + H_2O + 2e^-$	$\Longrightarrow Cl^- + 2OH^-$	0.89
Hg^{2+}/Hg_2^{2+}	$2Hg^{2+} + 2e^-$	$\Longrightarrow Hg_2^{2+}$	0.920
NO_3^-/HNO_2	$NO_3^- + 3H^+ + 2e^-$	$\Longrightarrow HNO_2 + H_2O$	0.94
NO_3^-/NO	$NO_3^- + 4H^+ + 3e^-$	$\Longrightarrow NO + 2H_2O$	0.96
HNO_2/NO	$HNO_2 + H^+ + e^-$	$\Longrightarrow NO + H_2O$	1.00
NO_2/NO	$NO_2 + 2H^+ + 2e^-$	$\Longrightarrow NO + H_2O$	1.03
Br_2/Br^-	$Br_2 + 2e^-$	$\Longrightarrow 2Br^-$	1.065
NO_2/HNO_2	$NO_2 + H^+ + e^-$	$\Longrightarrow HNO_2$	1.07
$Cu^{2+}/[Cu(CN)_2]^-$	$Cu^{2+} + 2CN^- + e^-$	$\Longrightarrow [Cu(CN)_2]^-$	约1.12
ClO_3^-/ClO_2	$ClO_3^- + 2H^+ + e^-$	$\Longrightarrow ClO_2 + H_2O$	1.15
ClO_4^-/ClO_3^-	$ClO_4^- + 2H^+ + 2e^-$	$\Longrightarrow ClO_3^- + H_2O$	1.19
IO_3^-/I_2	$2IO_3^- + 12H^+ + 10e^-$	$\Longrightarrow I_2 + 6H_2O$	1.20
O_2/H_2O	$O_2 + 4H^+ + 4e^-$	$\Longrightarrow 2H_2O$	1.229
MnO_2/Mn^{2+}	$MnO_2 + 4H^+ + 4e^-$	$\Longrightarrow Mn^{2+} + 2H_2O$	1.23
O_3/OH^-	$O_3 + H_2O + 2e^-$	$\Longrightarrow O_2 + 2OH^-$	1.24
$ClO_2/HClO_2$	$ClO_2 + H^+ + e^-$	$\Longrightarrow HClO_2$	1.275
$Cr_2O_7^{2-}/Cr^{3+}$	$Cr_2O_7^{2-} + 14H^+ + 6e^-$	$\Longrightarrow 2Cr^{3+} + 7H_2O$	1.33
Cl_2/Cl^-	$Cl_2 + 2e^-$	$\Longrightarrow 2Cl^-$	1.360
BrO_3^-/Br^-	$BrO_3^- + 6H^+ + 6e^-$	$\Longrightarrow Br^- + 3H_2O$	1.44
HIO/I_2	$2HIO + 2H^+ + 2e^-$	$\Longrightarrow I_2 + 2H_2O$	1.45
PbO_2/Pb^{2+}	$PbO_2 + 4H^+ + 2e^-$	$\Longrightarrow Pb^{2+} + 2H_2O$	1.455
Mn^{3+}/Mn^{2+}	$Mn^{3+} + e^-$	$\Longrightarrow Mn^{2+}$	1.488
Au^{3+}/Au	$Au^{3+} + 3e^-$	$\Longrightarrow Au$	1.50
MnO_4^-/Mn^{2+}	$MnO_4^- + 8H^+ + 5e^-$	$\Longrightarrow Mn^{2+} + 4H_2O$	1.51
BrO_3/Br_2	$2BrO_3^- + 12H^+ + 10e^-$	$\Longrightarrow Br_2 + 6H_2O$	1.52
$HBrO/Br_2$	$2HBrO + 2H^+ + 2e^-$	$\Longrightarrow Br_2 + 2H_2O$	1.60
H_5IO_6/IO_3^-	$H_5IO_6 + H^+ + 2e^-$	$\Longrightarrow IO_3^- + 3H_2O$	1.60

续表

电对符号	电对平衡式		$\varphi^{\ominus}/V$
	氧化型 + ne^- $\Longrightarrow$ 还原型		
$HClO/Cl_2$	$2HClO + 2H^+ + 2e^-$	$\Longrightarrow Cl_2 + 2H_2O$	1.63
$HClO_2/HClO$	$HClO_2 + 2H^+ + 2e$	$\Longrightarrow HClO + H_2O$	1.64
NiO_2/Ni^{2-}	$NiO_2 + 4H^+ + 2e^-$	$\Longrightarrow Ni_2 + 2H_2O$	1.68
MnO_4^-/MnO_2	$MnO_4^- + 4H^+ + 3e^-$	$\Longrightarrow MnO_2 + 2H_2O$	1.70
H_2O_2/H_2O	$H_2O_2 + 2H^+ + 2e^-$	$\Longrightarrow 2H_2O$	1.77
Co^{3+}/Co^{2+}	$Co^{3+} + e^-$	$\Longrightarrow Co^{2+}$	1.842
Ag^{2+}/Ag^+	$Ag^{2+} + e^-$	$\Longrightarrow Ag^+$	2.00
$S_2O_8^{2-}/SO_4^{2-}$	$S_2O_8^{2-} + 2e^-$	$\Longrightarrow 2SO_4^{2-}$	2.01
O_3/H_2O	$O_3 + 2H^+ + 2e^-$	$\Longrightarrow O_2 + H_2O$	2.07
F_2/F^-	$F_2 + 2e^-$	$\Longrightarrow 2F^-$	2.87
F_2/HF	$F_2 + 2H^+ + 2e^-$	$\Longrightarrow 2HF$	3.06

数据搞自：J A Dean. Lange'sHandbook of Chemistry 13th. ed. McGraw-Hill Book Company,1998

5.5　几种常用酸碱密度与质量分数的对应关系

酸 或 碱	分 子 式	密度 $(g \cdot ml^{-1})$	$w/\%$
冰醋酸	CH_3COOH	1.05	99.5
稀酸酸		1.04	34
浓盐酸	HCl	1.18	36
稀盐酸		1.10	20
浓硝酸	HNO_3	1.40	68
稀硝酸		1.19	32
浓硫酸	H_2SO_4	1.84	96
稀硫酸		1.18	25
浓氨水	$NH_3 \cdot H_2O$	0.90	$28 \sim 30(NH)_3$
稀氨水		0.96	10
稀氢氧化钠		1.22	20

5.6　相对原子质量四位数表

　　表中除了五种元素有较大的误差外,所列数值均准确到第四位有效数字,其末位数的误差不超过±1。对于既无稳定同位素又无特征天然同位数的各个元素,均以该元素的一种熟知的放射性同位素来表示,表中用其质量数(写在化学符号的左上角)及相对原子质量标出。

序数	名称	符号	原子量	序数	名称	符号	原子量	序数	名称	符号	原子量
1	氢	H	1.008	37	铷	Rb	85.47	73	钽	Ta	180.9
2	氦	He	4.003	38	锶	Sr	87.62	74	钨	W	183.9
3	锂	Li	6.941±2	39	钇	Y	88.91	75	铼	Re	186.2
4	铍	Be	9.012	40	锆	Zr	91.22	76	锇	Os	190.2
5	硼	B	10.81	41	铌	Nb	91.22	77	铱	Ir	192.2
6	碳	C	12.01	42	钼	Mo	95.94	78	铂	Pt	195.1
7	氮	N	14.01	43	锝	^{89}Tc	98.91	79	金	Au	197.0
8	氧	O	16.00	44	钌	Ru	101.1	80	汞	Hg	200.6
9	氟	F	19.00	45	铑	Rh	102.9	81	铊	Tl	204.4
10	氖	Ne	20.18	46	钯	Pd	106.4	82	铅	Pb	207.0
11	钠	Na	22.99	47	银	Ag	107.9	83	铋	Bi	209.0
12	镁	Mg	24.31	48	镉	Cd	112.4	84	钋	^{210}Po	210.0
13	铝	Al	26.98	49	铟	In	114.8	85	砹	^{210}At	210.0
14	硅	Si	28.09	50	锡	Sn	118.7	86	氡	^{222}Rn	222.0
15	磷	P	30.97	51	锑	Sb	121.8	87	钫	^{223}Fr	223.0
16	硫	S	32.07	52	碲	Te	127.6	88	镭	^{226}Ra	226.0
17	氯	Cl	35.45	53	碘	I	126.9	89	锕	^{227}Ac	227.0
18	氩	Ar	39.95	54	氙	Xe	131.3	90	钍	Th	232.0
19	钾	K	39.10	55	铯	Cs	132.9	91	镤	Pa	231.0
20	钙	Ca	40.08	56	钡	Ba	137.3	92	铀	U	238.0
21	钪	Sc	44.96	57	镧	La	138.9	93	镎	^{237}Np	237.0
22	钛	Ti	47.88±3	58	铈	Ce	140.1	94	钚	^{239}Pu	239.1
23	钒	V	50.94	59	镨	Pr	140.9	95	镅	^{243}Am	243.1
24	铬	Cr	52.00	60	钕	Nd	144.2	96	锔	^{247}Cm	247.1
25	锰	Mn	54.94	61	钷	Pm	144.9	97	锫	^{247}Bk	247.1
26	铁	Fe	55.85	62	钐	Sm	150.4	98	锎	^{252}Cf	252.1
27	钴	Co	58.93	63	铕	Eu	152.0	99	锿	^{252}Es	252.1
28	镍	Ni	58.69	64	钆	Gd	157.3	100	镄	^{257}Fm	257.1
29	铜	Cu	63.55	65	铽	Tb	158.9	101	钔	^{256}Md	256.1
30	锌	Zn	65.39±2	66	镝	Dy	162.5	102	锘	^{259}No	259.1
31	镓	Ga	79.72	67	钬	Ho	164.9	103	铹	^{260}Lr	260.1
32	锗	Ge	72.61±3	68	铒	Er	167.3	104		^{261}Rf	261.1
33	砷	As	74.92	69	铥	Tm	168.9	105		^{262}Ha	262.1
34	硒	Se	78.96±3	70	镱	Yb	173.0	106		^{263}Nnh	263.1
35	溴	Br	79.90	71	镥	Lu	175.0	107		^{262}Nno	262.1
36	氪	Kr	83.80	72	铪	Hf	178.5	109		^{266}Une	266.1

　　* 摘自"化学通报"3,1984,58(3)。32 号 Ge 和 41 号 Nb 已根据"化学通报"1985,53(12)修订值进行了校正。